U0135900

我的一天
有二十七小時

創造「專屬於自己的**三小時**」
人生・工作的超級整理法

あなたの1日は
27時間になる。

「自分だけの3時間」を作る人生・仕事の超整理法

木村聰子 Akirako Kimura ———— 著
王蘊潔 ———— 譯

前言

創造「屬於自己的三小時」的四週計畫

看到本書的書名《我的一天有二十七小時》，也許有不少人納悶，「把一天的時間變多是怎麼回事？」

其實就是你看到的意思——「把你的時間變多了」。

這本書將和各位分享創造不受任何人干擾，「只屬於自己的三小時」的方法。

- 工作太多，有再多時間也不夠。
- 有很多「如果我有時間……」，想要去做的事，卻一延再延。
- 每天忙碌不已，根本沒有私人時間。

拿起這本書的你，或許有這樣的感覺，每天為此煩惱不已。如果你有這種煩惱，我可以斷言，這本書對你大有幫助。你會拿起這本書，必定是某種緣分，所以，希望你至少可以看完這篇「前言」。

我曾經每天加班到深夜，每天搭末班車回家……

我的工作是稅務士。十五年前，我自立門戶，成立了會計師事務所。以下就是我那時候每天的生活節奏。

6點：揉著惺忪的睡眼，慢吞吞起床。

8點：急急忙忙出門。

9點：在上班時間之前趕到辦公室。

9點～：忙著回電子郵件，聽下屬報告工作、接待客戶，處理前一天未完成的工作。

12點～：隨便吃點東西當午餐，終於可以開始做今天想做的工作。

18點：不可能準時下班，開始加班。

23點：終於離開辦公室，去趕末班車。

1點：匆匆洗完澡，上床睡覺。↓清晨6點起床。

那時候，每天都過著「早晨起床，去辦公室工作，晚上回家睡覺」的生活。

唯一可以讓我鬆一口氣，好好休息的時間，就是在電車上呼呼大睡，還有在睡覺前，盡情地吃自己喜愛的食物。我陷入了慢性疲勞狀態，皮膚狀態很差，每天心情都很憂鬱。

漸漸地，我開始覺得顧客是造成我忙碌的元凶，開始產生了被害意識。客戶對我的工作頗有微詞，合作多年的客戶也離我而去。我想要改變，卻又談何容易。

但是，如今我一個人處理所有的業務，**每天下午三點結束所有的工作，下午三點到傍晚六點之間的三個小時，是屬於我自己的私人時間**。

我利用這三個小時自我投資、學習，參加研習，有時候也會用於興趣愛好和休息。自我投資有助於提升工作的單價，年收入也倍增，這種狀況已經持續了四年。

圖1　不斷嘗試的結果

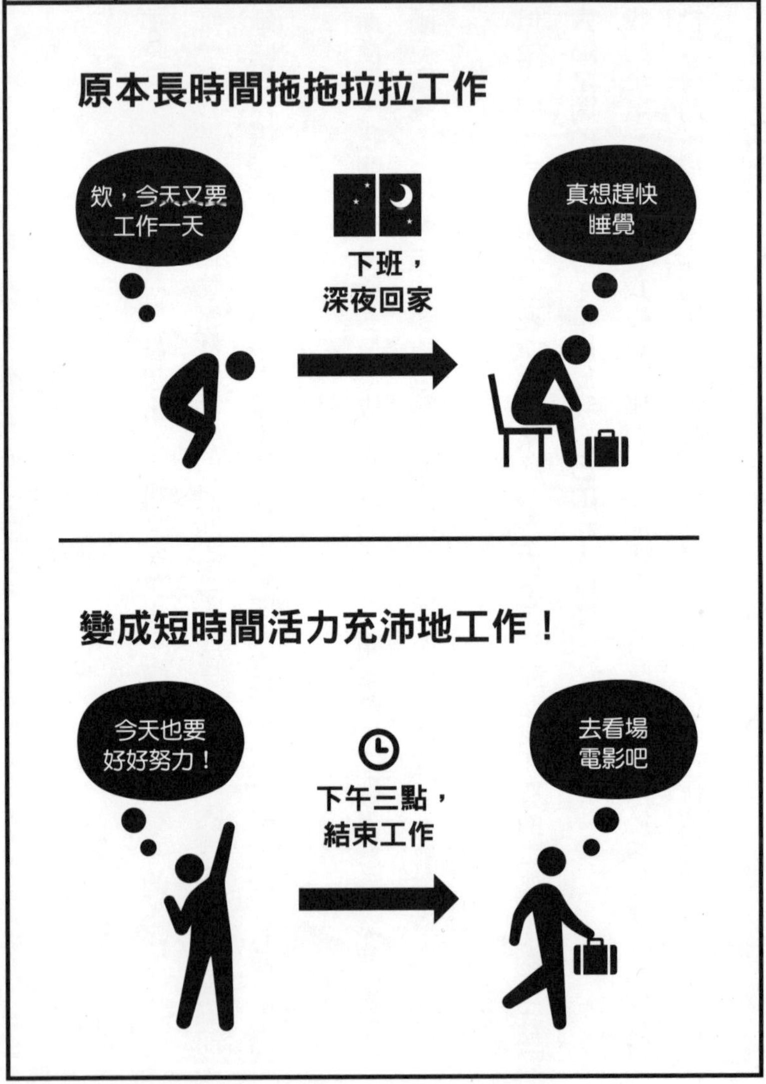
原本長時間拖拖拉拉工作
欸，今天又要工作一天
下班，深夜回家
真想趕快睡覺
變成短時間活力充沛地工作！
今天也要好好努力！
下午三點，結束工作
去看場電影吧

在短時間內完成工作的「四大重點」

接下來進入正題。我之前每天加班到深夜，必須趕末班車回家，為什麼能夠每天有三小時的自由時間？我所做的事可以歸納成以下四個重點：

①重新檢討一天的時間。
↓捨棄「為了做好工作不惜加班」的想法。
②徹底規劃「工作流程」。
↓今日事，今日畢，思考「高效率的方法」。
③創造高效率的「工作環境」。
↓讓「找東西時間」歸零。
④提升「工作速度」。

↓做任何事都要設法縮短一秒鐘。

也許有人會不以為然，覺得「就這樣而已？」

但是，不妨仔細思考一下。

在做一件事時，因為覺得「可以花足夠的時間」，所以就放棄了提升效率，放棄了「讓自己輕鬆」的努力，結果會導致工作慢性累積，精神壓力越來越大。在這種狀態下同時進行多項工作，桌子越來越髒，桌上的東西也會越來越多，於是，很多東西都找不到，必須花很多時間找東西，這樣的惡性循環當然會影響工作速度。

所有的事都環環相扣。

或許以上這四件事看起來很簡單，但**只要努力做到這四點，必定能夠提升工作效率、加快工作速度**。

輕鬆持續的四週計畫

本書是我不斷嘗試了六年累積的技巧結晶，目的就是為了讓各位擁有「屬於自己的三小時」。

但是，要從習慣加班的狀態，變成每天擁有三小時自由時間，的確不是一件容易的事。

因此，我研究開發了**「四週計畫」，將焦點集中在「輕鬆自在」、「能夠變成習慣」**。我努力六年的心血都凝聚在這四個星期。

之所以安排用四個星期貫徹這個計畫，是為了讓每星期只要專攻一個主題（該做的事）。即使某一天突然下定決心「我要做這個！我要做那個！」一下子卯足了全力，想要同時做很多事，反而無法持續。尤其是習慣加班的人，整天忙得不可開交的人，更不容易做到。

四週計畫的內容，將在之後詳細介紹，計畫的第一步，真的非常簡單。

首先，努力做到「提早到公司，哪怕只提早十分鐘也沒關係」，和「在短時間深層

圖2　為什麼是四週？

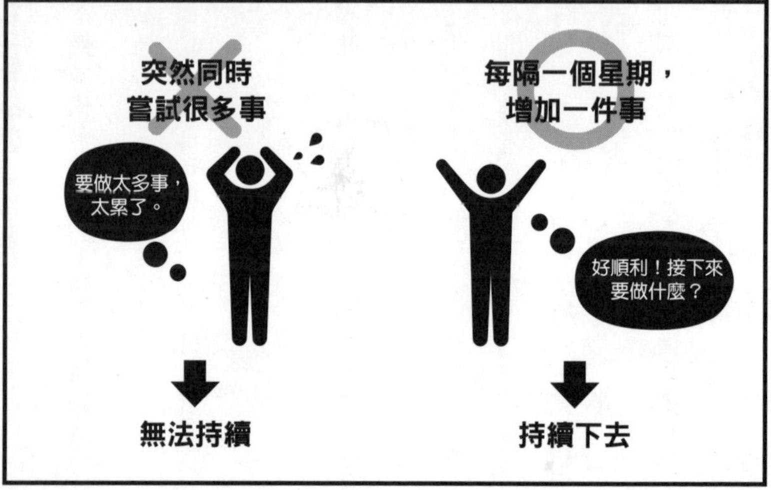
突然同時
嘗試很多事
要做太多事，
太累了。
無法持續
每隔一個星期，
增加一件事
好順利！接下來
要做什麼？
持續下去

睡眠，消除疲勞」，從改善生活節奏開始。**加班和長時間工作變成「習慣」**，而且認為這種情況理所當然的「想法」**最可怕**。必須藉由改善每天的生活習慣，逐漸改變「思考方式」。

其次，必須瞭解到，『工作大塞車』是造成「無論怎麼做，工作永遠都做不完&隨時被工作追著跑」的最大原因，因此，必須努力**消除『工作大塞車』**。關鍵就在於「妥善調度工作」和「工作流程更順暢」這兩點。

做到這兩件事之後，就可以著手提升工作效率和速度。具體來說，就是**「提升工作環境的效率」**，以及**「掌握加快工作速度的技巧」**。

更加充分享受人生！

不妨想像一下，如果你每天都有三小時自由的時間，會怎麼樣？首先，每天的工作會更從容，能夠面帶笑容地面對同事和客戶，也會愛上工作。這就是我的親身經驗。可以在多出來的時間繼續工作，也可以讓下班後的生活更充實。可以吃美食、看電影，或是去逛街買東西，可以做所有「如果我有時間，很想要做」的事。

時間可以帶給你更多自由和選擇。

接下來，趕快來挑戰「四週計畫」。從下一頁開始，將說明「四週計畫」的概要。

圖3

第一週　調整一天的生活節奏

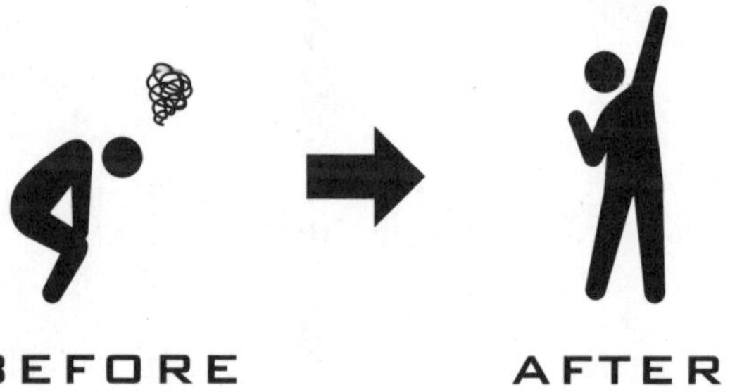

第一週的任務是「調整一天的生活節奏」。工作術或整理術只是手段，你的意識和每天的生活節奏才是真正重要的事。

必須逐漸改變「加班已經變成了習慣」、「早晨都睡到最後一刻，晚上都要到半夜才會上床……」這種生活節奏。

重點就在於「有效靈活運用早上的時間」，以及「養成短時間集中的習慣」。

只要運用一點小技巧，稍微改變想法，就可以讓一天的生活維持良好的節奏。不必要求自己一下子徹底改變，可以循序漸進，慢慢改變。

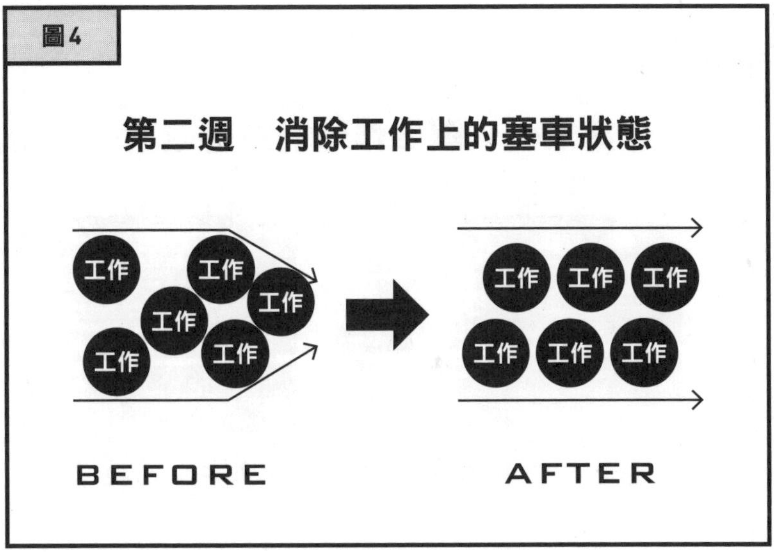

第二週的任務是「消除工作上的塞車狀態」。

「工作上的塞車狀態」是造成工作無法順利進行的最大原因。

所謂「工作上的塞車狀態」，就是指無法控制「工作量」和「工作速度」的狀態。

首先要確認自己的「工作塞車程度」，在五個確認項目中，你符合了幾項？

之後，學習調度工作的方法，和維持工作流程順暢的方法，消除工作上的塞車狀態。

圖5

第三週　讓工作環境更有效率

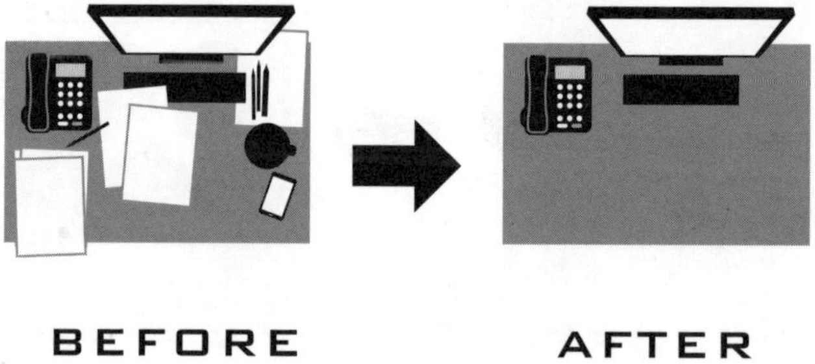

第三週的任務是「讓工作環境更有效率」。從這一週開始，將正式分享提升工作效率，加快工作速度的具體方法。

光靠「消除工作上的塞車狀態」，無法在一天之內「生」出三個小時的自由時間。但是，很多人想要「提升工作效率，加快工作速度」，卻不知該從哪裡著手。

因此，第三週的重點，就是創造一個「高效率的工作環境」，為提升工作效率、加快工作速度建立良好的基礎。

圖6

第四週　加快工作速度

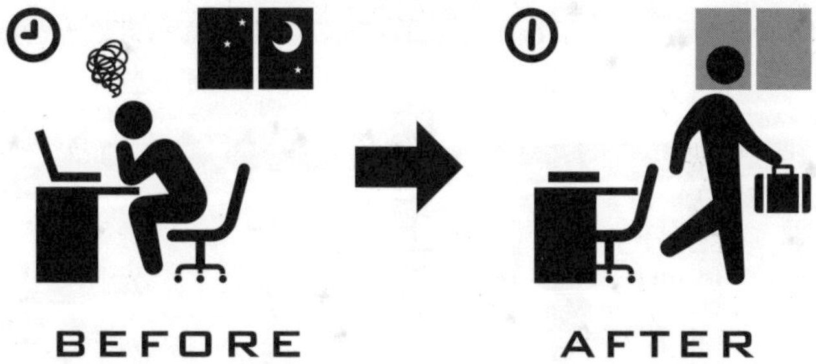

第四週的任務是「加快工作速度」。充分運用前三週所做的準備工作，具體掌握加快工作速度的方法。之前讓你覺得很麻煩、很耗時的工作，一定可以快速、高效率地處理完畢。

以上是「四週計畫」的概要。請放鬆肩膀的力量，放鬆心情。我一再重申，關鍵在於千萬不要太貪心，不要一下子奢望「這個也要做到！那個也要做到！」從第一週到第四週中，挑選覺得「我想試試」的項目，逐一挑戰。

4點　6點　7點　9點

起床

漱洗、做家事。

整備工作環境。
（打掃、確認行程、檢查電子郵件等）

開始工作（本業）！

優先進行需要動腦筋、發揮創意的工作。

任何工作都是先發制人者必勝，在截止期限之前，主動出擊。活動雙手。

遵守「工作25分鐘↓休息5分鐘」的節奏，維持專注力。

圖7　我的一天

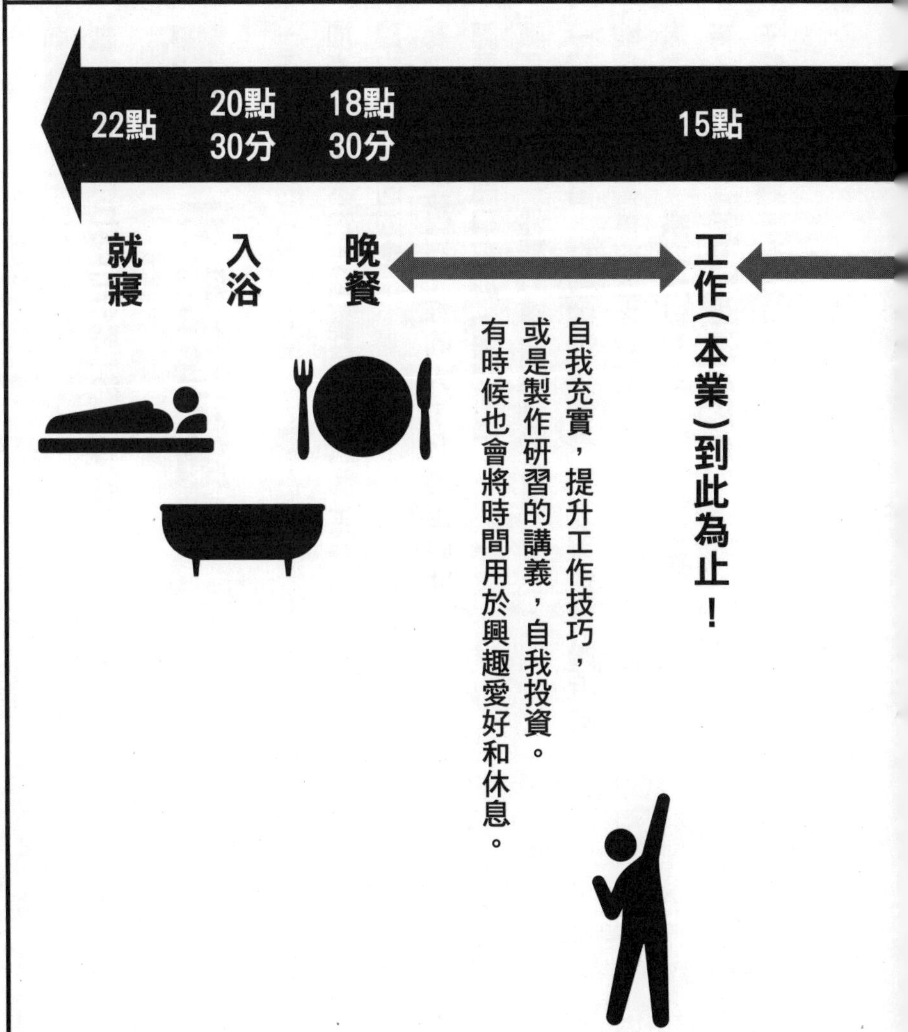
22點
20點30分
18點30分
15點
就寢
入浴
晚餐
工作（本業）到此為止！
自我充實，提升工作技巧，
或是製作研習的講義，自我投資。
有時候也會將時間用於興趣愛好和休息。

CONTENTS

WEEK 2

消除工作上的塞車狀態

WEEK 3

讓工作環境更有效率

WEEK 4

提升工作速度

WEEK 1

RHYTHM

調整一天的生活節奏

WEEK 1 01

一天十分鐘的「提前加班」，讓人生加速！

想要增加「屬於自己的時間」，首先必須調整自己的生活節奏。**很多整天「沒有時間」、「忙得焦頭爛額」、「每天加班」的人，都是將以加班為前提的生活節奏變成了習慣，**必須逐漸改變這種生活節奏。因此，我大力推薦「提前加班」。「提前加班」，就是「將原本在下班之後加班的三十分鐘，挪到上班之前，提早加班三十分鐘」。

有一段日子，我整天被時間追著跑，每天都工作到必須搭末班車回家。為了擁有屬於自己的時間，我做的第一件事，就是養成提前加班的習慣。

九點準時到公司上班後，下屬就會來向我報告工作情況，或是一起討論工作，同時還要回覆很多客戶的電子郵件。當回過神時，已經中午了。每天只能從下午開始處理自己的工作……我下定決心，要改變這樣的生活習慣，有意識地提前加班。我做的第一件事，就是主動聯絡「差不多要來催促和詢問」的客戶。凡事被動處理，就會破壞一天的節奏，所以，**我把「早晨」的時間用來先發制人**。

這種改變，讓我能夠面帶笑容，從容地面對員工，這也成為我擺脫加班地獄的第一步。

推薦提前加班的三個理由

照理說，上班族下班以後的時間是每個人的自由時間，根本不必繼續留在公司。我認為**以「加班」的方式把這些時間奉獻給公司太可惜了**，所以決定每天下午三點以後是「自我投資的時間」，要把這些時間用於本業以外的事，以及豐富自我（學才藝、開發新的工作、興趣、和家人相處），傍晚六點以後，幾乎不碰工作。

提前加班的第二個理由，就是「提前加班」更能夠在短時間內高效率地工作。因為在上班之前，不會有客人上門，也不會有人打電話到公司，工作進展會很順利，可以大大減少身心的疲勞程度。最重要的是，**會強烈意識到「要在上班之前完成〇〇」的時間限制，就不容易像加班時那樣拖拖拉拉，也就能夠迅速處理完工作**。

最後的第三個理由，就是搶在同事和客戶之前開始工作，一整天都可以按照自己的進度處理工作，不受他人干擾。我相信各位也會憑直覺知道，「那個客戶快要打電話來催了」、「今天上司可能會來問我：『那份報告怎麼樣了？』」結果一進公司，這種直覺就馬上應驗，或是接到客戶的電話或詢問。如此一來，很容易打亂自己的工作進度。

「提前加班」，就可以先發制人。在上班時間之前主動聯絡對方，把對方可能會要求的資料寄出去，就可以繼續維持自己的工作步調。

目前，我每天都「提前加班」三小時。各位在實踐這個方法時，一開始不必太勉強，可以提前十分鐘、二十分鐘，養成在上班時間之前，完成一些簡單工作的習慣，就會明確感受到一天的起跑效果和之前大不相同。

✓ 每天提前加班十分鐘，發揮最出色的起跑效果！

圖8	首先，從每天「提前加班」十分鐘開始！

✕ 加班容易讓人產生「反正有很多時間」的錯覺。

離末班車還有
四個小時……

○ 提前加班，
就可以增加
「時間有限，要有效使用」的意識

離上班只剩下三十
分鐘，要專心點

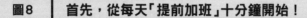

RHYTHM

WEEK 1
02

加班地獄也不怕！改變日常的三個步驟

也許有人會說：「我知道提前加班的好處，但我太忙了，而且根本沒辦法早起。」

所以，在此分享可以**輕鬆而又持續做到提前加班的方法**。

STEP 1

首先，提前十五至二十分鐘到公司，利用這些時間處理電子郵件，搶在對方之前「先發制人」。

STEP 2

習慣提前加班之後，每一個星期至一個月，增加十五分鐘的提前加班時間。當可以提前加班超過一個小時，有完整的時段之後，就可以利用早晨的時間寫企劃書，在不受他人干擾的情況下，做一些需要動腦筋的創意工作。隨著提前加班的時間逐漸增加，必須縮短下班後加班的時間。提前加班多長時間，就必須在晚上加班時縮短相同的時間。

STEP 3

在養成提前加班兩小時的習慣之後，可以試著搭頭班車，在清晨六點左右到公司。你一定會愛上空蕩蕩的電車。同時，要做到晚上不再加班。把之前晚上加班做的工作挪到第二天早上再做。

不知道各位認為這種方法如何？**不要一開始就好強地想要「提早一個小時起床！」，從提早十幾、二十分鐘起床開始做起**，建立「提前加班↓工作進度順利↓開心↓想要持續」的正向循環。

✓ **不急不躁，讓身心逐漸適應。**

WEEK 1 03

建立不加班的觀念

在前一節中，討論了提前加班的益處，以及如何養成習慣的方法。但如果提前加班以外，仍然像以前一樣，在下班後繼續加班，就變成只是增加工作時間而已。因此，必須減少在下班後加班，然而，在加班成為普遍現象的職場，準時下班需要勇氣。在實際執行的過程中，通常會遇到兩大精神阻礙，那就是**「他人的眼光」**和**「對工作的想法」**。

所謂「他人的眼光」，也可以說是「大家都在加班，我一個人準時下班好嗎？」的顧慮，但其實這個問題很容易克服。

因為大部分人內心深處都「不想加班」、「想早點回家」，只是不好意思第一個對眾人說「我先下班了」。如何才能準時下班，卻又避免尷尬呢？

有兩個重點，首先，**「完成自己的份內事」**，其次，**「養成提前加班的習慣，讓其他同事都知道，『他每天都很早來公司加班』。」**只要做到這兩點，即使在一開始會遭到白眼，日子一久，其他同事就會瞭解，也必定會出現贊同的人。

「加班＝認真、美德」是錯誤的觀念！

比起「他人的眼光」，第二點改變「對工作的想法」，是**改變深植在內心的意識**，可能需要更長時間才能克服。「對工作的想法」到底是指什麼呢？

舉例來說，手上有很多工作時，大部分人會基於「一定要在今天之內完成工作」的責任感，在下班之後留下來加班。這就是一個人的工作觀，也就是「對工作的想法」。

每個人基本上都很認真工作，所以當有很多工作時，通常會勉強自己，覺得「只要自己多做點就可以解決」。對工作充滿熱情固然是好事，但這種想法其實忘記了一件重要的事。

那就是「工作永遠都做不完」。各位從畢業後踏上工作崗位至今，遇過幾次「沒工作可做」，無所事事地等待工作的狀態？我一次也沒有。

所以說，因為我們決定「要加班」，所以工作才會沒有止境。也就是說，只要決定「不再加班」，就漸漸不再需要加班了。

或許大家不相信，但其實不管加班或是不加班，工作都永遠做不完。因此，不妨改

變想法，從目前手上的工作中，挑選出必須在今天下班之前完成，而且能夠在下班之前完成的工作，然後把這些工作做完就好。

在踏出擁有自己時間的第一步，開始「提前加班」時，必須瞭解到「工作永遠都做不完」這個前提，拋開「加班是美德，加班是認真工作的象徵」的成見，鼓起勇氣準時下班。

鼓起勇氣，決定「不加班」。

圖9	「加班就可以把工作做完」的想法大錯特錯

無論再怎麼努力加班

「工作永遠都做不完」

不妨將意識集中在
「下班之前可以完成哪些工作」和
「下班之前要完成哪些工作」這兩件事上。

WEEK 1
04

為了貪圖加班費，你的人生將越走越窄

當我提議「減少加班」時，也許有人會反駁：「加班費也是收入的一部分，如果少了這些收入會很傷腦筋。」

我非常能夠理解這種想法，但請不要被眼前的利害得失迷惑，先聽聽我的分析。

我從每天為了稅務士的業務忙到深夜那時候開始，就有意識地逐漸改變成早睡早起的晨型人生活，下班之後不再工作，完全是屬於自己的時間。因為我認為**「必須提升自己的層次，提升自己的價值」**，所以就利用這段時間，磨練身為講師的技術，同時寫部落格，向客戶提供資訊。

之後，我因此有機會接到高單價的主持研習和演講工作，而且舉辦研習之後，有專業雜誌邀請我寫稿，部落格也吸引了新的客戶上門。在接觸多元化的工作之後，稅務士工作本身的單價也提高了。

因此，即使不加班會導致經濟狀態暫時陷入窘境，也要堅持擁有自己的時間，**把這些時間用在提升技巧、考取證照，或是投資在建立人脈上，日長歲久，必定可以獲得超出眼前加班費的經濟效益**。

上班族的情況也一樣，而且，不妨思考一下，你的上司面對「工作效率差，申請很多加班費的下屬」，和「在短時間內就可以做出成果的下屬」時，會把重要的工作交給誰？會讓誰先升遷？答案顯而易見。

「但是，為了生活，還是希望有加班費可以補貼一下⋯⋯」。如果你有這方面的需求，不妨去向負責人事和總務的人打聽一下。根據勞動法規，提前加班，也就是提早到公司上班時，公司也必須支付加班費。

✓ **把加班的時間用於磨練自我。**

WEEK 1 05

輕鬆早起的關鍵在於「強制力」

想要提前加班，當然就必須比平時早起。接下來，我將和大家分享早起的方法和想法。發揮「強制力」，是養成早起習慣的捷徑。重點有以下三個：

①乾脆準時下班

為了養成早起的習慣，我利用了「準時下班」的方法。

各位在出門旅行時，**想到「必須趕六點的新幹線！」時，無論再怎麼想睡覺，都會努力起床。我巧妙地利用了這種動力**。

首先，如果有工作「必須在明天上班之前完成」，我會努力克制想要加班的心情，試著準時下班，然後，當天盡可能早一點上床睡覺。

第二天早晨，早一點出門，去公司完成那項工作。因為有必須完成的工作，所以無

圖10　輕鬆養成早起習慣的關鍵

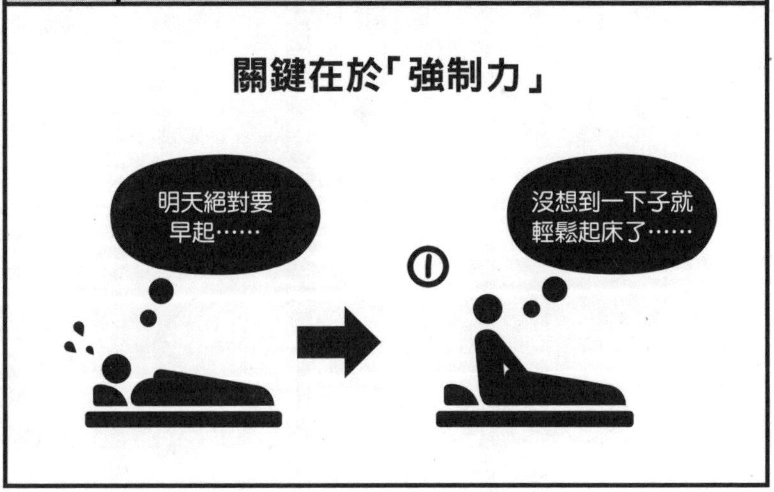
關鍵在於「強制力」
明天絕對要早起……
沒想到一下子就輕鬆起床了……

論如何都會逼迫自己起床。

只要借助這種「強制力」，腦袋一定會清醒。

但是，在還沒有養成習慣之前，如果把很重要的工作留到隔天早晨做，有可能造成無法在期限內完成，導致重大損失的情況。因此，不要挑選那種萬一出差錯，後果不堪設想的工作，而是將計算旅費、交通費或是輸入資料這種能夠大致估算時間的工作作為嘗試。

②不把工作帶回家

即使準時下班，千萬不能因為擔心「搞不好我明天沒辦法早起……」，為了保險起見，覺得「可以先在家處理一部分」、「星期六、星期天可以做」，就把工作帶回家。因為如此一來，「強制力」就無法發揮作用。

「把工作帶回家」的行為本身，就意味著打算晚上或是假日工作，這會阻礙**「早起↓提前加班↓零加班」的改變過程**。為了養成早起習慣，即使想要在家工作，也要拚命克制。

③即使再晚睡覺，隔天早晨也要早起

有時候會因為臨時有事晚回家，參加工作上或是私人聚會時，就會比平時晚睡覺。這是任何人都無可避免的社交應酬。

我盡可能避免晚上九點以後安排任何行程。比方說，我的興趣是看職棒比賽，但比賽結束後，一起看比賽的棒球同好就會去聚餐，舉行「慶勝會」。五次中，我會拒絕四次，因為每次看完比賽，我都會立刻回家睡覺。

但是，每五次比賽中，都會有一次心情特別好，所以就會和大家一起去參加聚餐。目前在工作上，為了能夠準時完成工作，每個月也會有一次工作到晚上十一點左右（目前努力的目標，是希望一次也沒有）。

前一天晚上晚睡時，隔天幾點起床？我通常不會因為前一天晚睡，隔天也晚一兩個小時起床，而是在和平時一樣的時間起床。**因為前一天晚上晚睡覺，隔天早起床，當天晚上很早就可以「倒頭大睡」，陷入深眠**。然後隔天早晨也能神清氣爽地早起。

相反地，如果因為前一天晚睡覺，隔天早晨就晚起床，很容易慢慢變成晚睡晚起的「夜型人」。

只要努力做到這三點，每個星期提早十分鐘起床，就可以逐漸增加提前加班的時間。

「強制力」有助於培養早起習慣。

WEEK 1
06

讓早起變成一件開心事的提升動力法

早起的最大動力，就是**「找一件晚上想做的事」**。看棒球比賽是我從學生時代開始培養的興趣。相隔多年，朋友再度邀我去球場看比賽後，重新燃起了我對棒球的熱情。「我要看從晚上六點開始的棒球比賽，我要找回這樣的生活。」這成為我維持晨型生活的最大動力。

除了像我這樣的興趣愛好以外，還可以學才藝，為考取證照刻苦用功，閱讀書籍，參加研習，努力尋找一件發自內心嚮往的事，決心「絕對要利用晚上的時間做這件事！」

向大家宣布早起，得到稱讚

有一件事，成為我培養早起習慣的重要原因。

RHYTHM

那是以前在稅務士事務所當所長的時代，那時候，我的早起生活已經持續了幾個月。

一位同事察覺到我不再加班，而是一大早到事務所工作，問我：「木村所長，妳每天幾點來事務所？」我隨口回答說：「六點。」那位同事驚訝地叫了起來，「六點？太厲害了！！」看到他驚訝的樣子，我反而被嚇了一跳。因為他平時個性很溫和，向來不把感情寫在臉上。看到他這麼驚訝，不禁讓我很有成就感，之後，早起生活就更加順利了。

一旦開始早起生活，不妨向周圍人大聲宣布：**「我每天〇點起床」**、**「我每天〇點到公司」**。

向眾人宣布，本身就可以發揮強制力的效果，如果聽到眾人稱讚和讚賞，說你「好厲害！」、「早起太帥了」，那就更棒了。這種成就感，一定會讓你繼續維持早起習慣。

WEEK 1 07

「晚餐．入浴．就寢的最佳節奏」有助於提升睡眠品質

在這一節中，要和各位分享提升睡眠品質的方法。

想要有良好的睡眠品質，就必須注意晚餐、入浴和就寢時間的間隔。經常有人說，「睡前三小時不要吃東西」，「吃完飯，必須隔一段時間洗澡，避免影響消化」，我認為**「晚餐．入浴和就寢一定有某種最佳節奏（時間帶），可以讓身體充分休息」**，於是向我一位醫生客戶請教了這件事。

①睡前三小時前吃完晚餐。

②吃飯和洗澡要相隔一個小時。

③入浴後，要隔一個小時再上床睡覺。

這才是理想的節奏。我目前每天凌晨四點起床，所以努力在晚上十點之前睡覺。我的「晚餐．入浴．就寢」的最佳節奏，就是「六點半吃晚餐，八點半洗澡，十點睡覺」。我實踐了這個最佳節奏，的確很容易入睡，身體的疲勞也很容易消除。

但是，所謂「知易行難」，即使想要這麼做，也不可能一下子就做得很完美。所以，**不妨先從①～③中挑選其中一項，務必加以遵守**。比方說，我有時候回到家時，就已經是晚上十點，照理說，應該是上床的時間了，所以就無法遵守③，於是，就等到隔天早晨再洗澡，當天晚上卸完妝之後，就直接上床睡覺。

平時習慣晚上十一點才回家，凌晨一點才上床睡覺的人，首先從努力做到①開始。確定要加班時，先打電話回家，告訴家人：「今天不回家吃晚餐」，然後自己在外面吃。堅持「為了和家人維持良好的感情，一定要回家吃飯」的人，可以從努力做到②開始。

思考最符合自己的「晚餐．入浴．就寢」節奏。

WEEK 1
08

睡得好，睡得香的五大訣竅

建立「晚餐．入浴．就寢的最佳節奏」之後，再來談談具體的安眠方法。雖然有些安眠方法推薦昂貴的寢具，但我實踐的安眠方法完全不需要使用任何昂貴的東西。

①枕頭服貼的感覺很重要

服貼舒適的枕頭，可以保證七成的優質睡眠，但這並非意味著要購買昂貴的枕頭，或是別人大力推薦的枕頭。我有一個朋友喜歡「捐血時用的那種硬枕頭」，特地去醫療相關的購物網買了醫療枕頭。

重點在於挑選自己覺得舒適服貼的枕頭，在找到理想的枕頭之前，絕不妥協。我的理想枕頭是無印良品的「塊狀聚氨酯低反發枕　43×63cm」。我根據自己的喜好，選擇了這款柔軟度的枕頭，讓頭部剛好可以會微微陷進枕頭。

圖11　提升睡眠品質的蓋被子方法

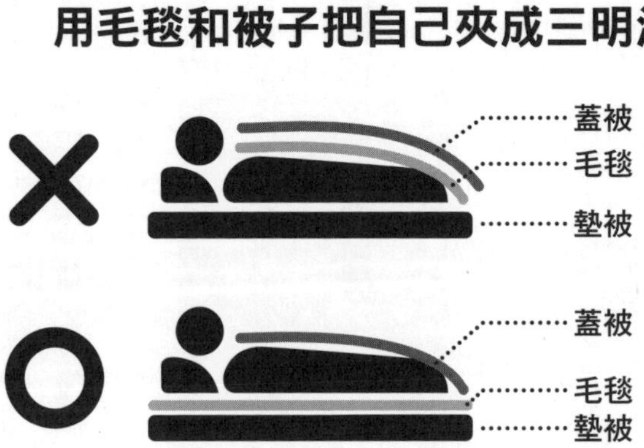

②蓋被的正確使用方法

我猜想大部分人使用蓋被的方法都不正確，我在寢具廠商網站的專欄文章中看到被子的正確使用方法時，也大吃一驚。

在此之前，我都躺在墊被上，然後先蓋一條毛毯，再蓋上被子睡覺。

但其實「先蓋被子，再蓋毛毯」的保暖效果更理想。如果天氣更冷時，「把毛毯墊在身體下面，用蓋被把自己夾成三明治」的保暖效果最佳。

把毛毯蓋在被子上時，如果毛毯太重，就會把被子壓扁，也會影響保暖效果，必須特別注意。

③選擇自己喜愛的芳香精油

我很喜歡散發出自然香氣的鮮花和芳香精油，在辦公室也會使用精油。睡覺之前，從幾種芳香精油中挑選一種，滴幾滴在木頭立方體上，放在床邊。

不同的芳香精油有不同的功效，「〇〇有助於安眠，△△有助於消除壓力」，但我會根據每天的心情，決定「今晚的精油」。因為之前有一位芳療師對我說，「實際嗅聞看看，感覺對了，就是當時需要的香氣」，所以我就一直這麼做。

④抬高雙腳，消除疲勞

走了一天，或是站了一天時，小腿是不是會繃得很緊？這種時候，不妨採用這種睡眠方式。我通常會在腳的位置也放枕頭，把腳放在枕頭上睡覺。把腳墊高有助於消除雙腿的疲勞。我在查資料後發現，把腳墊高的睡眠方式有助於消除疲勞是有科學根據的。腳枕的最佳高度是十到十五公分，雙腿浮腫、容易疲勞的人，可以在睡覺時使用腳枕。

⑤使用對身體有益的湯婆子

冬天的時候，開暖氣或使用電熱毯容易導致皮膚乾燥，而且空氣乾燥，也容易感冒，所以，我在睡覺時都使用湯婆子。湯婆子可以慢慢溫暖身體，熱水變冷的速度也比較慢，可以一直溫暖到天亮。

✓ 稍微動動腦筋，就可以提升睡眠品質。

RHYTHM

WEEK 1
09

借太陽的光，讓太陽成為自己的最佳鬧鐘

我住在公寓的四樓，因為不容易被路人看到，所以實踐了拉開窗簾睡覺的方法。使用這種方法睡覺後，夏天在天色微亮的四點左右，就會很自然地醒來。冬天雖然有點辛苦，但六、七點的時候享受陽光，心情就會格外舒暢。打開窗簾睡覺，可以借助大自然的力量，讓身體切換到活動模式。

早晨醒來時，當眼睛看到朝陽或是其他「明亮的光」時，大腦就會接收這個訊息，重新設定生理時鐘，在十四至十六小時後產生睡意。

很遺憾的是，光是打開室內的燈光不足以成為「明亮的光」。而且，光線越明亮，清醒的程度就越高。

因此，建議各位每天起床後，就把窗簾全都拉開。如果裝了蕾絲窗簾或是遮光窗簾，也務必要一起拉開，養成沐浴朝陽的習慣。

沐浴朝陽，可以讓大腦**重新設定生理時鐘，晚上容易入睡，隔天醒來也神清氣爽，建立良好的循環**。

即使這麼做，如果還是覺得很睏怎麼辦？

「如果打開窗簾，沐浴朝陽後，仍然覺得很睏」，不妨打開窗戶，讓外面的新鮮空氣進入房間。

如果還是無法清醒，可以試試用腳趾玩石頭、布，將腳趾收縮、張開。於是，身體就會慢慢活動起來，腦袋也逐漸清醒。雖然這種方法聽起來有點玄，但這是我這幾年親身實踐，而且覺得很有效的方法。各位不妨也試試看。

✓ **早晨起床後，把所有窗簾都拉開！**

RHYTHM

WEEK 1
10

有助於改善睡眠的超強 APP

這一節，要介紹有助於改善睡眠的 APP「Sleep Meister」。

相信各位都知道，睡眠的時候會不斷重複「淺眠（快速動眼期）」和「深眠（非快速動眼期）」的週期。在淺眠（快速動眼期）時醒來，就會感到神清氣爽。如果能夠在睡眠較淺的時候醒來，頭腦就會很清晰，很順利地進行接下來的活動。這個 **APP 可以檢測睡眠時的身體活動，在指定的時間帶（三十分鐘間隔），在淺眠的狀態下響起鬧鐘。**

✓ **不妨試試 Sleep Meiser！**

圖12 藉由「Sleep Meiser」，神清氣爽地迎接新的一天！

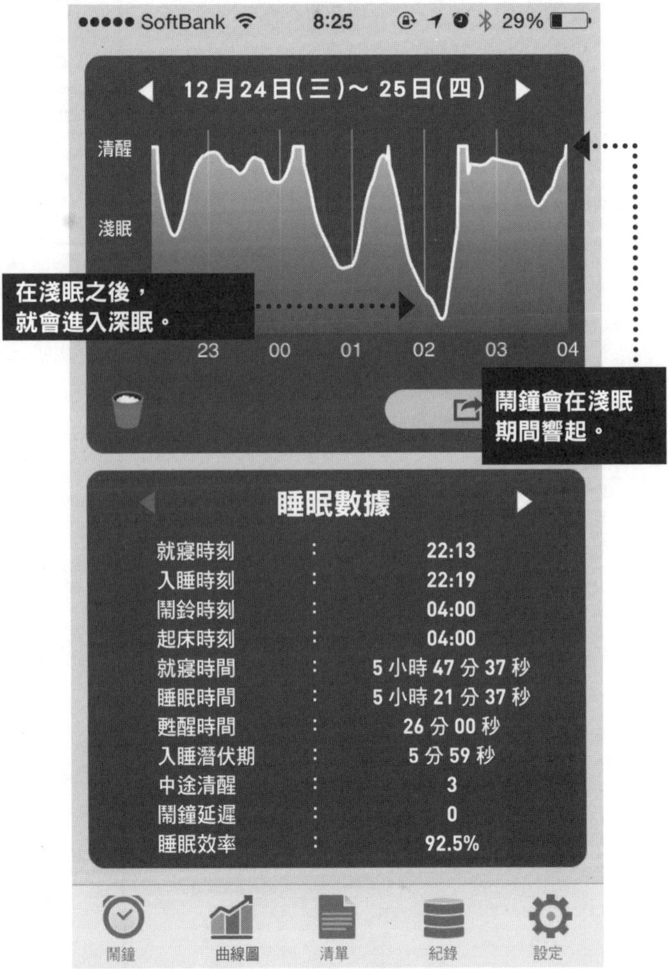

WEEK 1
11

午睡十五分鐘，有效消除疲勞

雖然和早起的主題無關，但因為談到睡眠的問題，所以就順便聊一聊午睡。午睡是高效率的休息方法，可以讓腦袋變清晰，提升創造力和知性能力。

我目前一個人工作，所以沒有人管我。下午感到腦袋昏沉，「撐不下去」時，就會用鬧鐘設定十五分鐘小睡片刻。**醒來之後，可以感受到頓時神清氣爽，工作也能更專心**。所以，我也大力向客戶推薦「午睡消除疲勞法」。

但是，之前經營稅務士事務所時，曾經向下屬提議，「你們覺得大家可以在辦公室午睡怎麼樣？」沒想到反應並不理想，大家似乎無法擺脫「午睡（打瞌睡）＝偷懶」的成見。某所高中實施午睡後，學生的課業成績明顯進步。既然已經有學校的成功案例，差不多也該有公司分享成功經驗了。

但是，普通上班族想要午睡，必須突破兩大障礙。首先是「在哪裡睡？」的地點問題，其次是「什麼時候睡？」的時間問題。

上班族只能**利用午休時間或跑客戶搭車時**午睡。

首先是午休時間。大部分人吃完午餐，都會和同事一起去咖啡店喝咖啡，或是和同事聊天。和同事建立良好的關係固然重要，但不要怕被別人當成不合群，不妨對大家說聲：「我先回公司」，然後趴在辦公桌上小睡片刻。搭電車時睡覺也很有效。以前我經營稅務士事務所，和同事一起外出時，他每次搭車都會睡覺。我問他為什麼每次都睡覺，他回答說：「即使只是閉一下眼睛，就可以大大消除疲勞。」那次之後，我在搭車時也不再滑手機，爭取時間閉目養神。

✓ 即使只是閉目養神，也可以消除疲勞。

藉由「戰略性的喘口氣」，徹底休息

我以前當上班族時，聽到老闆說：「休息也是工作的一部分」時，覺得「這是他為自己經常玩、經常休息找藉口」。

但是，當自己也成為經營者後，才深刻體會到這句話的意義。刻意擠出時間放鬆，有充足的睡眠，讓身心維持良好的狀態，才能繼續工作。因為出社會後，**無論工作的表現和工作動力，都必須維持八十分的狀態。即使做到了一百分，如果因為太努力而崩潰，就可能導致成績陡然下降**。

喘口氣、發呆本身並不是壞事，但一直在喘氣，一直在發呆就是很大的問題。想要喘口氣，想要發呆時，必須選擇時間、日期，徹底喘口氣，徹底發呆。

比方說，我為自己安排的「戰略性喘口氣」時間，就是**「星期六早上不設定鬧鐘，睡到自然醒」**。我向家人宣布，這一天要大睡特睡，不受任何事干擾，想睡多久就睡多久。正因為有這麼幸福的時光，所以其他日子才能夠打起精神，努力工作。好好睡一覺，就可以感到無比幸福，在週末感到無比充實。

為什麼會選在星期六？因為星期天是迎接下一週的暖身日，而且每個星期從週一工作到週五，週六是一週內最累的時候，所以我選擇在這一天徹底休息。

為了避免「戰略性的喘口氣」永無止境地持續，必須決定日期（頻率）。**要徹底意識到「我在休息」**，才能夠充分享受「喘口氣」，這也可以成為「為了能夠好好休息，要提前把工作做完」的動力來源，就可以發揮提前完成工作的效果。

✓ 不要拖拖拉拉整天發呆、喘息，要有意識地安排休息的日子。

RHYTHM

WEEK 1 13

決定超務實、超具體的目標

前面介紹了第一週的任務，調整一天生活節奏的「提前加班、早起和睡眠」，在進入第二週之前，還希望各位做一件事。

既然你會拿起這本書，意味著你希望「擁有自己的時間，希望人生更充實」。**希望你仔細思考這個問題，讓自己的目標更務實、更具體**。我當初也是從這件事開始改變自己。

「我努力考取稅務士證照，不是為了過這種生活。」

↓

「那我想要過怎樣的生活？」

於是，我開始把自己的願望具體化。

我為什麼會這麼做？因為我回想起自己通過稅務士考試的成功經驗。為了通過考試，去讀了專科學校。學校有一位講師很風趣幽默，解說也很容易理解，我很喜歡這位老師。有一天，老師在課堂上說：

「能夠具體想像的人無往不利。」

老師還告訴我們：「能夠通過稅務士考試的人，都有一個共同的特徵，這些人並不是有『想要成為出色的稅務士，為中小企業服務』的抽象目標，而是**擁有能夠具體想像的目標**，比方說，『我要在青山有一間三十坪的辦公室，僱用三十名員工！』或是『我要年收入三千萬，買○○車！』根據我多年的觀察，這種人往往可以通過考試。最初的目標不純潔、很俗氣也沒有關係。如果無法具體想像，讀書這麼辛苦，根本無法撐下去！」

「這番話對我太有幫助了！」我回到家後，立刻從雜誌上剪下當上稅務士之後，想要穿的名牌衣服、皮包，以及漂亮的辦公室照片，拼貼之後，貼在桌子前，在讀書的時候，不時看這些照片。雖然我在高中和大學時都很討厭讀書，但多虧了這些照片，讓我能夠在工作的同時，用比較短的時間就通過了考試。

所以，想要改變自己時，我再度使用了這種方法。

只是「希望一天的時間過得更有意義」的模糊想法，無法讓你的一天變成二十七小時。不妨想像自己生活的空間有許多喜歡的傢俱，工作很愉快，穿著漂亮衣服，面帶微笑，充滿活力的樣子。或是想像自己和好朋友週末在海邊烤肉。雖然這些目標很俗氣，但想要完成「一天變二十七小時計畫」，必須要能夠明確想像這些事。

為了避免產生「我為什麼要這麼努力？」的想法，中途放棄本書介紹的計畫，必須制定超務實、超具體的目標。即使最初的目標很俗氣也無妨，當自己更上一層樓時，自然會看到更崇高的目標。

✓ 面對自己的願望，建立具體的目標。

圖13　目標必須具體，即使不純潔、很俗氣也無妨。

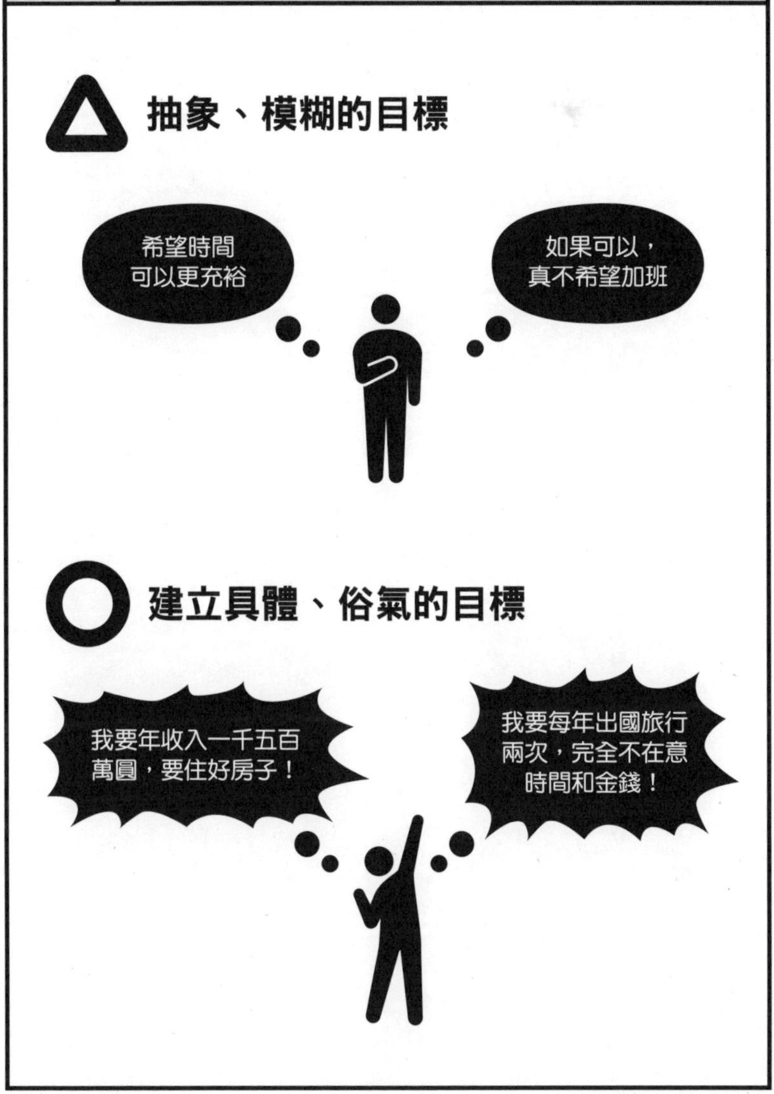

WEEK 2

FLOW

消除工作上的塞車狀態

WEEK 2
14

什麼是九成的人都會遇到的「工作上的塞車狀態」？

經常聽到有人說，「雖然努力工作，但時間總是不夠用」、「工作做不完，今天又要加班」。「工作上的塞車狀態」，是造成這些狀況的最大原因。第二週的目的，就是消除「工作上的塞車狀態」。首先來談一談，什麼是「工作上的塞車狀態」。其實就是指以下的狀態：

- 即使很努力工作，工作不但沒減少，反而越來越多（量的問題）。
- 工作進展不順利，耗費了很多時間（速度的問題）。

你是否遇過工作遲遲沒有進展，停滯的狀態？這種狀態，就像是中元節或是過年時，車流「量」增加，在高速公路上遇到交流道或車禍現場時，「速度」會變慢，造成

圖14　什麼是「工作上的塞車狀態」？

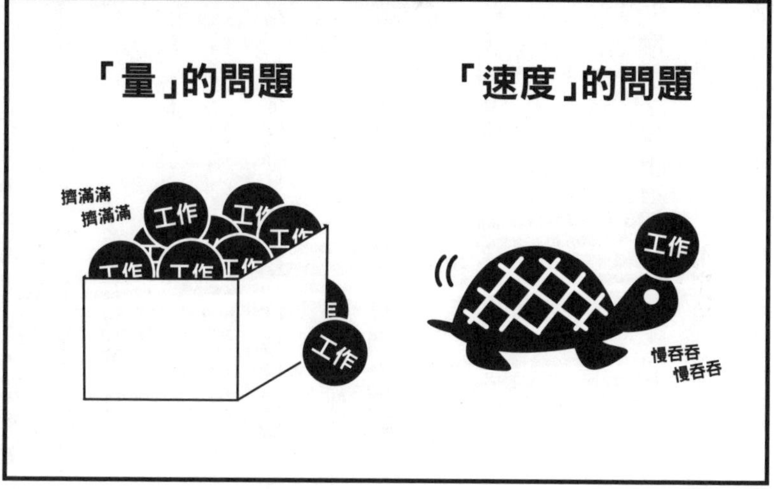

塞車現象。

首先要確認「你工作上的塞車程度」。以下的確認項目中，你符合幾項？

①感覺每天都被工作追著跑。

感覺工作好像從四面八方撲來，好像才處理完一件工作，又增加了三件工作。

②搞不清楚自己手上到底有哪些工作。

即使努力回想自己該做的工作，或是別人委託的事，也無法立刻想起來，不時發生「我忘了那件事！」的丟三落四狀態。

③一天結束的時候，沒有「我今天完成了○○」的成就感。

上司和客戶不停地催促，工作的截止日期逼近，忙碌了一整天之後，在回家的路上，卻想不起「我今天都做了些什麼？」完全沒有成就感。這代表你無法自己安排工作流程，被期限和客戶的催促追著跑，身不由己地應付眼前的工作。

④被資料和郵件包圍。

我負責記帳和會計工作，所以更明確感覺到，資料的流暢度和工作的流暢度密切相關。當工作卡住時，相關的資料也就越堆越高。如果覺得「桌子很亂……」，就意味著工作也處於塞車狀態。

⑤把工作往後推，頓時感到心情輕鬆，鬆了一口氣。

當手上有很多工作時，照理說，應該逐一處理，消除塞車的狀態，讓自己喘口氣。但有些人因為應付不過來，就拜託上司和客戶延長期限或更改截止日期，讓自己可以輕鬆一下。

怎麼樣？以上五個項目中，是否有一項符合你的狀況？如果符合的項目超過三項，問題就有點嚴重。如果不趕快消除這種狀態，很可能會造成客戶和上司的困擾。

為什麼會發生「工作上的塞車狀態」？雖然的確有工作量太多（公司人員不足，或是上司指派的工作超出了自己能夠負荷的量），但通常都是以下的狀況：

「無法把握・整理自己目前該做的事」→「無法控制工作量，工作漸漸積壓」→「工作的安排和調度失控，工作進展不順利」。

也就是說，**無法妥善調度（整理・掌握）工作，是造成「工作上的塞車狀態」的原因**。

下一節，將談一談整理工作的方法。

✓ 重新檢視五大確認項目。

FLOW

WEEK 2
15

工作「順序」決定了工作的品質和速度

在分享消除「工作上的塞車狀態」的具體整理方法之前，要先談論一件事，那就是「工作的優先順序」。

工作根本不需要安排、調度？

我在面對堆積如山的工作，開始摸索有效率的工作方法期間，曾經沒有仔細思考，只覺得「按照工作進來的順序，一件一件處理就好」。

但是，這種想法錯了。

因為無條件地按照接到工作的先後順序處理，的確不必費心安排、調度，但是，如果先接到「一個月後完成」，而且需要花一整天才能完成的A工作，之後又接到「截止期限是明天」，但只要短時間就可以完成的B工作。遇到這種情況時，如果按照接到工作的順序，先做Ａ工作，等到準備做Ｂ工作時，就已經過了下班時間，所以就不得不加班完成了。

因此，如果在工作時不考慮優先順序和工作的份量，原本可以在期限內完成的工作，也變得無法完成了，所以，不能根據接到工作的順序，來安排工作的優先順序。

工作要根據「截止日期的順序」著手進行

工作必須根據截止日期的先後順序來進行。

幾乎所有的工作都有期限（截止日期），所以，每次接到工作，我必定會確認截止日期。如果沒有特別的截止日期，就自己設定，然後根據截止日期的順序安排工作，並按照這個順序逐一完成。

當手頭上有很多工作時，如果不安排優先順序，會帶來負面影響。當接連接到好幾個工作時，就會做東想西，做西想東，無法專心工作，影響效率，甚至可能出差錯。

把握兩大重點

因此，**「工作的優先順序」不僅關係到工作速度，也和工作品質有密切的關係。**

圖15　注重「工作的優先順序」

為了不影響工作品質，同時提升工作速度，我特別注重以下兩件事：

・手上有很多工作時，不慌不忙，把握每一項工作，為所有工作安排優先順序。

・「欲速則不達」，創造理想環境，靜心逐一處理手上的工作。

準時下班的第一步！

我從實際經驗中發現，只要安排好工作的先後順序（按照截止期限的先後順序），就可以早下班三十分鐘到一個小時。因此，合理安排工作的優先順序，是準時下班的第一步。

可以說，從下一節開始討論的「消除工作上的塞車狀態」，以及第三週、第四週的目的，都是為了做到這兩件事。請各位在閱讀這本書的過程中，隨時記住這件事。

要比之前更注重工作的「順序」。

WEEK 2
16

掌握「月單位↓週單位」的俯瞰管理法

想要消除工作上的塞車狀態，首先必須「整理工作」。

「我不知道目前該做什麼，很傷腦筋」、「客戶和上司交給我很多工作，全都亂成一團了」。遇到這種情況，不妨在休假的週末，**把自己目前必須做的工作，一件一件具體寫在紙上**。

同時，明確寫出每一件工作的期限。

七年前的暑假，我也曾經做過同樣的事。我在空無一人的辦公室內，清點自己的工作。

實際清點之後，就發現其實並沒有我原本以為的那麼多，也就鬆了一口氣。原本以為在筆記本上逐行寫下待處理的工作，至少可以寫下滿滿一本，意外發現只寫了三、四頁而已，忍不住有點洩氣。

靈活運用月計畫表和週計畫表！

接著需要準備一張月計畫表（記事本）。

我認為在管理工作時，**像鳥一樣從上空「俯瞰」以一週為單位、一個月為單位的工作預定很重要**。數位工具很難讓人只要看一眼，就立刻掌握工作量和截止日期，所以，我目前都使用紙本的月計畫表。這就像開車兜風一樣，手上有地圖，可以清楚看清前方的視野，比只瞭解大致目的地安心多了。

把清點的工作逐一填寫在對開的月計畫表上。填寫時，要以每項工作的截止日期為基準。之後，當上司或客戶委託工作時，也要根據截止日期，填入新的工作。必須注意的是，「截止日期在下週之後」的工作，才能填在月計畫表上，必須在本週內完成的工作，就直接填入將在接下來介紹的週計畫表上。

以一週為單位，確實把握「該做的工作」

每個星期天晚上，看著月計畫表，規劃從週一到下週日為止該做的事，轉抄在週計畫表上。

星期一到星期六期間，在月計畫表上填寫新的工作時，會同時瀏覽一下今後該做的工作，但只有星期天晚上，會認真看月計畫表上的內容。如果本週的週計畫表上還有未完成的工作，務必要轉抄到下週的週計畫表上。

我目前使用的記事本是「HOBO日手帳」的《COUSIN》。《COUSIN》的內頁中就有月計畫表和週計畫表，很適合我用於工作管理。

俯瞰自己的預定。

圖 16 「月單位→週單位」的俯瞰管理法

STEP 1

把目前該做的工作寫在紙上。

STEP 2

以截止日期為基準，把預定的工作填入月計畫表。

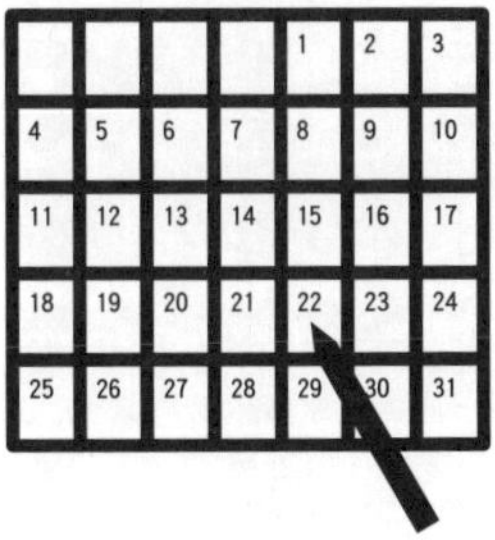

STEP 3

每週週日晚上，根據月計畫表，把週一到週六待完成的工作填入週計畫表。

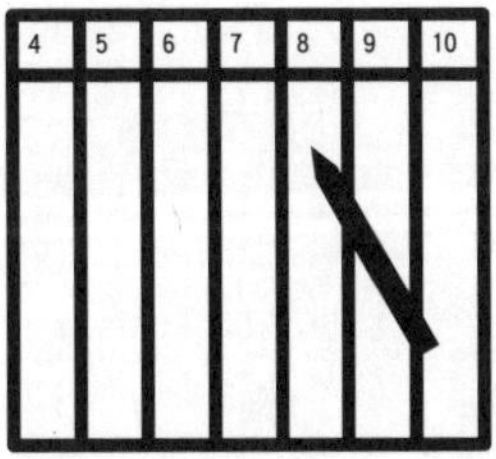

WEEK 2
17

學會「規劃一天」，每天更快樂

在準備開始一天的工作時，我做的第一件事，就是「規劃一天」。也許很多人無法想像「規劃一天」是怎麼回事。

舉例來說，不知道各位在小學放暑假時，有沒有曾經寫過從早上起床後，到晚上睡覺前的「一天計畫表」？「規劃一天」，其實就是這種「一天計畫表」的成年版。**不是渾渾噩噩地過一天，而是認真思考如何過這一天，然後寫下來**。是為了度過理想的一天而進行的想像練習。

各位在忙碌的時候，或是手上有很多工作時，是否會在出門上班前，不知不覺地在腦海中規劃一天的行動，「上午要做〇〇，下午再做××……」？

我大力推薦把這些規劃寫下來（可視化），同時，讓規劃一天成為每天早上的習慣。

首先，從「我希望這樣過一天」的指標進行思考。七十七頁是我個人的例子。

除了工作，也要規劃私生活！

可以針對不同的時間帶，設定大致的主題，像是「整理環境的時間」、「本業工作的時間」。除了工作以外，也要同時規劃私生活的時間。因為**一天之中，除了工作以外，還要有私生活才完整。**

比方說，從事業務工作的人，可以參考以下的方式進行規劃。「8～9點：提前加班，處理電子郵件」「9～12點：寫企劃等需要動腦的工作」「13～15點：拜訪客戶」「15～17點：寫報告、日報表」「17～18點：為明天做準備後下班」「18～22點：提升自我&和家人團聚時間」。

我相信各位內心會對時間有一些理想的安排，像是「這段時間，我要用功讀書，準備考證照」、「這段時間，我想和家人相處」。不妨固定在這段時間做這件事，盡可能避免將其他事安排在這段時間內，然後作為規劃每天時的基準。

前一節曾經提到，星期天晚上，會將一週的工作轉抄在週計畫表上，每天早上可以針對一天該做的工作、預約（和別人約定見面），「規劃」今天要怎麼過。我會將一天的規劃寫在週計畫表中早晨六點到晚上十二點的欄內。比方說，「9點～12點：A公司月度報告」、「12點～13點：午餐」。

剛才提到的規劃指標只是大致的標準而已，不必太嚴謹，可以**在一個星期的時間內靈活規劃，取得協調和平衡**。

比方說，我每週一的時間幾乎都會被「本業」工作佔據，從早上九點到晚上六點都在處理本業的相關工作，之後，就會安排一天從中午十二點到晚上六點「寫作」，以一個星期為單位進行調整。

✓ 具體想像「理想的一天」之後，才開始一天的生活。

圖 17　規劃一天的生活

POINT 決定「一天理想的生活」

〔筆者的一天範例〕

6 ～ 7 點：整理環境的時間
打掃辦公室、檢查電子郵件、
確認信件等，為一天暖身的時間。

主題可以自由設定

7 ～ 9 點：輸出、輸入的時間
蒐集各種資訊、
更新部落格和網站。

9 ～ 15 點：本業的時間
處理稅務士本業工作的時間。

15 ～ 18 點：投資工作的時間
思考新的工作想法，
寫作或是製作研習講義的時間
（有時候會用於興趣愛好）

18 ～ 22 點：投資自我的時間
興趣、家事，
和家人團聚的時間。

除了工作以外，也要規劃私生活的時間。

WEEK 2
18

設定「自我截止日」，追著工作跑

接下來談談「截止日」的問題。你會在截止日之前，提前完成工作？還是等到截止日當天，才匆匆完成工作？

相信各位都曾經有過「不知道為什麼，工作都會在截止日（期限）內完成」的神奇經驗。

有人說，**工作會在截止期限內不斷膨脹**。因為人在知道「期限到○月○日為止」後，就會無意識地分配進度，在這個期限之前完成。曾經有一段時間，我太注重安排優先順序和期限管理，將工作安排在截止日和期限當天完成，而且，這種「期限」也成為我工作的動力，變成「非要到火燒眉毛才開始工作」的人。

但是，每次都要到火燒眉毛才開始工作，就會覺得「被時間追著跑」，成為莫大的痛苦。而且因為是到截止日前才開始工作的慣犯，客戶也會擔心不已。快到截止日時，

圖18　在截止日當天完成」就像中毒

圖19　將截止日提前，逼迫自己趕快完成。

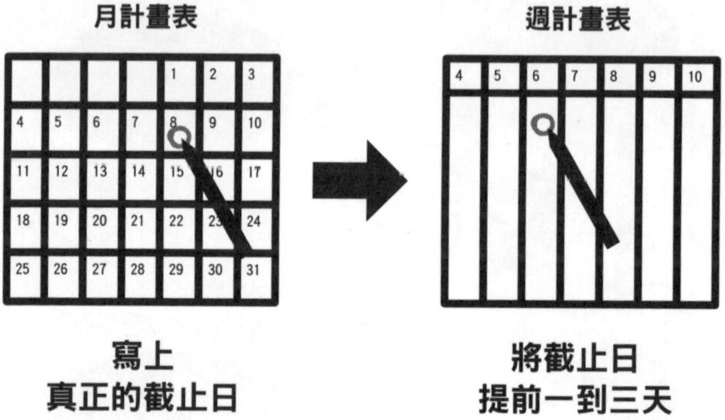

客戶會經常打電話來催促。催促會造成心理壓力，但有時候還需要向客戶報告進度，所以就會浪費不少時間。

因此，我開始嘗試除了工作的截止日以外，制定自己的期限，也就是**訂出「自我截止日」，把自我截止日作為終點**。「自我截止日」通常設定為比對方約定期限提早一到三天，如此一來，客戶就不會在截止日前來催促。

將截止日提前，不僅可以從容地處理工作，即使臨時接到其他案子的委託，也可以有充足的時間接下來。

將原本的截止日期提前，設定「自我截止日」，可以避免被時間追著跑，而且將成為飛越時間的人。

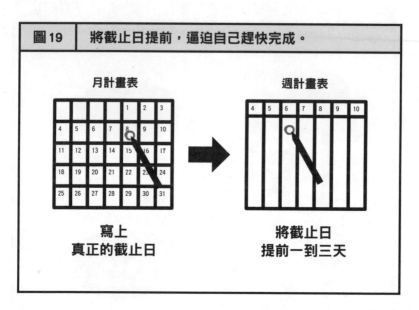

最後來談一談設定自我截止日的具體方法。前面提到，要以截止日為基準，將待處理的工作填入月計畫表，但將這個工作填入週計畫表時，可以將截止日提前一到三天，作為自我截止日。**用假的期限欺騙自己，逼迫自己趕快完成。**

抛開別人要求的工作截止日，建立自己的期限。

每天被工作追著跑

圖20　靠「俯瞰管理法」和「自我截止日」消除工作上的塞車狀態

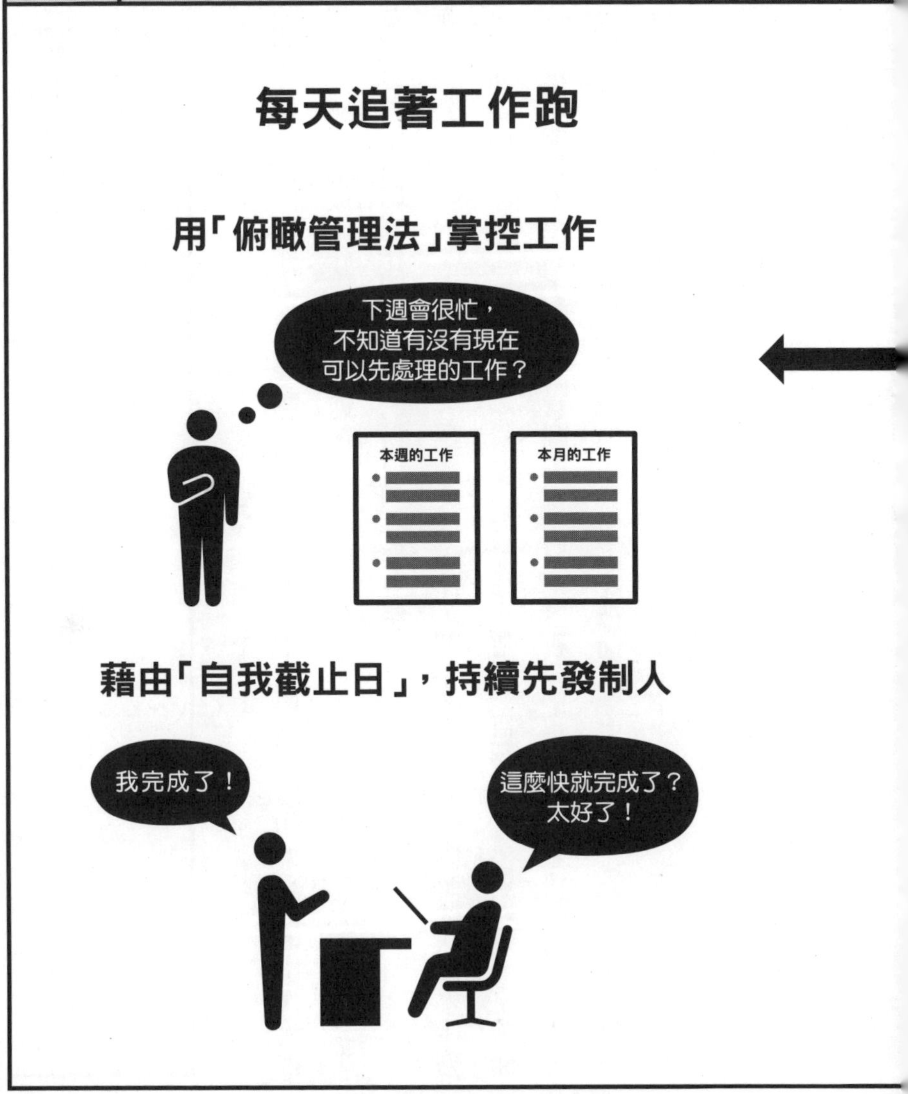
每天追著工作跑
用「俯瞰管理法」掌控工作
下週會很忙，
不知道有沒有現在
可以先處理的工作？
本週的工作
本月的工作
藉由「自我截止日」，持續先發制人
我完成了！
這麼快就完成了？
太好了！

WEEK 2
19

在七成截止日投出七十分的球

前面介紹了消除工作上塞車狀態的基本方法，接下來要談一談如何「促進工作流程更順暢」，避免造成工作上塞車狀態。

首先要消除阻礙工作順利進行的習慣和心理要素。

無論是公司內部的工作，還是客戶委託的工作，都需要靠雙方「傳、接球」才能夠成立。即使完成了商品、準備了回答，或是製作了資料，自認為「這樣對方一定會滿意！」但很可能根本搞錯了對方的意圖，或是只是自我滿足而已。如果到了截止日，才發現這種狀況，就可能會給對方添麻煩，也會因此被貼上「工作拖拉」的標籤。**「無法做到真正完美的完美主義者」是工作上的大敵**。不妨在工作完成六到八成的時候，先把球丟出去。

越早把球丟出去，越有助於提升工作品質

越早丟出「第一球」，就越能讓對方感到滿意。不妨在開會討論之後，立刻提出會議內容綱要，向對方請示或報告，「請問這樣可以嗎？」於是，**雙方可以及時交換意見，對成品更有把握，對方也會感到滿意，雙方都能夠對合作感到很愉快**。別人就會覺得「和那個人合作很輕鬆」，提升對你的評價，如果是自由工作者，客戶就會再度上門。

但是，如果對方說「一切都交給你處理」，就不要太頻繁把球丟給對方，不妨向對方確認：「我該多久向你報告或討論一次？」如果對方回答：「等你大致完成時給我看一下」，建議在截止日差不多七成左右的時間點，將已經完成七成的工作交給對方。

比方說，今天（十二月一日）接到一個寫文稿的工作，截稿日在十二月二十日。如果能以在十二月十四日**（作業時間已經過了七成）完成七、八成為目標，並在這個時間點，將完成的內容交給對方過目**，對方一定會很感激（如果能夠提前，在十二月十六日至十九日期間完成、交稿，那就更加理想）。

我無法將只完成了六到八成的工作交給對方。因為稅務士工作性質的關係，交出報稅資料時必須完美無缺。因為這樣的習慣，所以我在擔任顧問、寫作或是演講這些和稅

圖21　趁早把七十分的球投出去！

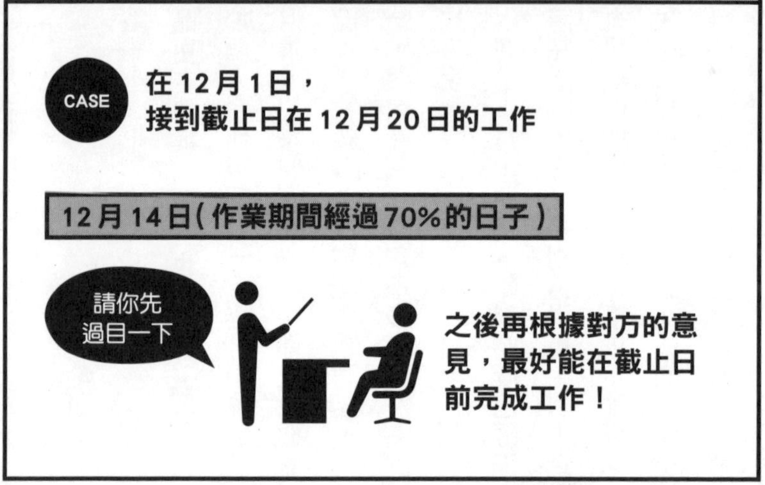
CASE
在12月1日，
接到截止日在12月20日的工作
12月14日（作業期間經過70%的日子）
請你先過目一下
之後再根據對方的意見，最好能在截止日前完成工作！

務士業務不同性質的工作上，也會自我要求完美，每次都一直拖到截止期限為止，也因此挨了罵，被對方埋怨。

比方說，為企業雜誌寫稿時，必須和編輯進行協調。有一次，我在截稿日當天交稿後，編輯發現我和同一期的另一位執筆者寫的題材幾乎完全相同。當時我只能取消當天所有的工作，熬夜重寫一篇。

汲取這次教訓之後，我努力在截止限期之前完成工作。之前擔任研習的講師時，原本規定在研習的一週前交講義，我兩個星期前就將講義交給主辦單位。主辦單位向我提出了要求，「這次參加研習的對象除了中小企業的經營者，也有很多一般民眾，解說的內容是否可以更通俗易懂？」於是我在重新思考後，修改了講義，在研習結束後，獲得了滿堂的掌聲。**提前完成不僅對自己有幫助，也可以讓對方能夠從容應對，因此感到滿意。**

✓ **不要一開始就追求「滿分的工作」，在七十分的狀態下，先把球投出去。**

WEEK 2
20

提前完成不喜歡工作的三大訣竅

我有一個不好的習慣，常常把不想做的工作往後挪。有一次，我終於發現了為什麼一直往後挪的原因。

不想做的工作，往往都是無法在短時間內完成，或是無法在短時間內看到成果的工作。比方說，有一件需要七個小時才能完成的工作時，在無法「安排出七個小時的日子」，就不想處理那個工作。

之後，發生了一件事，改變了遲遲不願付諸行動的我。那一次，我和其他幾個人共同撰寫一本專業書籍，我在所有成員中年紀最輕，缺乏足夠的知識和經驗，遲遲無法動手寫由我負責的部分。好不容易寫了開頭的部分，戰戰兢兢地向組長報告進度時，組長對我說：「這是偉大的一步！！」

①動手開始做，哪怕只做一點也好

聽了組長這句話，我恍然大悟。千里之路，始於腳下的第一步。如果不著手進行，就永遠不可能完成。

相反地，只要有一點進度，今天會比昨天，明天會比今天向完成邁進一步。

在發現這一點之後，遇到需要長時間處理的案子或項目時，就會一點一點著手進行，「今天只要打開有關這個案子的郵件，確認內容就好」、「今天只要製作 Excel 表格，整理資料」。只要有一點進度，就告訴自己，這是「偉大的一步！」

首先，**不管做什麼都沒關係，但要求自己向前邁步**。積少成多，會慢慢看到終點，就不再是不想做的工作了。

②將工作細分成小任務

為了讓工作持續小有進度，將一項需要耗費較多時間的工作細分成小任務（構成整項工作的各項作業）就很重要。只要一兩個小時就能完成的工作，可以直接寫在計畫表上。如果是需要更長時間才能完成的工作，我會拆成只要一個小時左右就能完成的任務，填寫在不同的日子。比方說，假設要「製作研習的講義」。根據以往的經驗，通常要花費六個小時才能完成，是讓人心情鬱悶的工作。但是，我把這項工作細分成小任務。

「想內容」、「寫大綱」、「蒐集資料」、「寫草稿」、「製作圖表」、「修改並謄寫」。

我用這種方式，將需要六個小時的工作細分成六個分別需要一小時的課題。如果截止日是十月九日，就填寫在月計畫表上的十月二日到十月九日這六個非假日。如果這段期間的工作剛好很忙碌，可以拉長間隔。想到要做一件六小時才能完成的工作，心情就會很沉重，但**變成六個只要一小時就可以完成的課題，心情就會稍微輕鬆些**。

③降低門檻

降低門檻的方法也很有效。前面提到的「只要打開有關這個案子的郵件，確認內容」，就是一個例子。也可以用計時的方法，「至少做五分鐘」這種方法也很有效。

總之，如果**遇到不想做的工作、討厭的工作，一直不著手進行，一直往後挪，就會越來越不想做，越來越討厭**。這是阻礙工作順利進行的原因。

當接到工作時，如果能夠立刻著手進行，通常可以清楚記得和客戶討論的內容，以及委託者的意圖，而且資料也在手上，處理起來也很輕鬆。實際著手進行後，發現並沒有想像中那麼困難，結果可能三兩下就處理完畢了。相反地，如果一直放著不處理，記憶漸漸模糊，資料也找不到了，就「越來越不想做」，增加覺得麻煩的原因。

✓ 不要將重點放在「完成」這件事上，而是要注重「進展」。

FLOW

WEEK 2
21

將逃避現實的行為視為「糖果與鞭子」中的「糖果」

你會不會在工作空檔，忍不住做以下的事？

- 逛網路或上社群網站（Facebook、LINE、Twitter）。
- 看雜誌或書。
- 關心手上工作以外的其他工作。
- 假裝打電話關心關係良好的客戶，實質卻是在閒聊。
- 毫無意義地整理桌子或資料。

這些行為都算是逃避現實，至於是否該徹底禁止？我並不這麼認為。當持續工作數小時後，身心的精力都會耗費，我認為逃避現實，可以為身心補充精力。不妨**把逃避現**

實的行為視為利用工作空檔的「犒賞」，反而有助於提升生產力。我會刻意在工作的空檔，安排以下這些逃避現實的行為，作為糖果與鞭子中的「糖果」。

- 準備超級棒的紅茶和咖啡，完成工作時，允許自己喝一杯。
- 在日落之前完成今天計畫的工作，就允許自己以「一個人慶功宴」為名，喝最愛的啤酒。
- 先做不太想做或困難的工作，完成之後，再做自己喜歡的工作和擅長的工作。

決定遊戲規則，大膽「逃避現實」。

WEEK 2
22

聰明休息法，維持專注力

前一節談論的逃避現實，是針對「想要偷懶的人」。

即使自認為「我從來不偷懶」的人，在專心工作時，是不是也會不小心鬆懈、分心？比方說，「經過兩三個小時，檢查了工作進度，發現並沒有太大的進展，嚇了一大跳」，或是「我在調查資料，看一些文獻，但看了很久，也完全無法看進去」，這種狀態，就是失去了專注力。

而且，這種狀態往往不容易發現，在不知不覺中，就開始分心，時間就這樣悄悄溜走。

為了避免這種情況，我努力實踐以下兩件事：

①事先決定「發呆」的時間

我向來都會事先「規劃」好一天該做的工作，並實際貫徹執行，但會**在上午和下午的工作時間內，各安排十五分鐘「發呆」的時間**。有時候會將上午和下午的發呆時間加在一起，在傍晚散步三十分鐘。

在工作以外的私人時間，除了做家事或是自我啟發的時間以外，也會安排一小時左右「發呆」的自由時間。因為是「自由時間」，所以可以做自己有興趣的事，也可以和朋友、家人談笑，如果身體很累的時候，也可以用來休息。

我認為正因為安排了調劑的時間，才能夠在其他時間專心工作或做家事。

②運用番茄鐘工作法

番茄鐘工作法就是「專心工作二十五分鐘↓休息五分鐘↓專心工作二十五分鐘↓休息五分鐘……」，重複這樣的過程，可以專心投入眼前的工作，而且專注力可以持續的工作方法。在《聰明時間管理術　番茄鐘工作法入門》（Staffan Nöteberg 著）這本書中，介紹了具體的方法。

我看了這本書之後，在工作中運用了番茄鐘工作法已經有五年的時間。在遇見番茄鐘工作法之前，我每次工作兩三個小時就很累，之後完全靠惰性繼續工作，一天的工作時間內，有一半的生產力都不如人意。

但是，**按照「二十五分鐘（專心）．五分鐘（休息）．二十五分鐘（專心）．五分鐘（休息）」的節奏工作，可以連續工作七、八個小時，仍然維持良好的專注力**。番茄鐘工作法尤其適合會計工作或是寫作等事務工作，所以很適合我的工作內容。

也許有人覺得「要怎麼計算二十五分鐘？整天看時鐘，不是反而無法專心嗎？」事實上，有番茄鐘工作法專用的APP，我目前都使用這種APP，有智慧型手機用和電腦用的APP，每隔二十五分鐘．五分鐘，就會叮鈴鈴地響起鈴聲。

交替進行「專心↓放鬆」

有些人可能從事業務工作或是服務業，不適合使用番茄工作法，但其實番茄鐘工作法的重點就在於交替進行「專心↓放鬆」，所以可以推廣運用。

在工作之間有計畫地安排休息時間，乍看之下似乎影響了工作的時間，**但是，休息之後，可以維持專注力，不再「發呆」，反而能夠增加一天完成的工作量。**

在工作、讀書，或是做一些必須專心的家事時，不妨試試使用這種方法，相信你一定能夠很快體會到成果。

巧妙休息，才能維持專注力。

WEEK 3

ENVIRONMENT

讓工作環境更有效率

WEEK 3

23

一年一百五十小時！省下「找東西的時間」

在上一章中，介紹了在第二週中，要如何整理工作、安排工作，消除影響工作進度的最大原因「工作上的塞車狀態」。第三週和第四週，終於要實際著手提升工作速度了。

第三週的主題是，**以整理、整頓為主，創造高效率的工作環境**。

提升工作速度不可或缺的東西

為了讓一天有二十七小時，為了提升工作速度，為什麼非整理整頓不可？因為，當找一樣東西時，如果可以馬上找到，當然沒有太大的問題。如果找不到，就會花時間尋找，而且還會問周圍的人：「你知道○○在哪裡嗎？」導致別人中斷手上的工作。即使只打擾了一分鐘，如果多次打擾，就會變成別人的時間小偷。

有一本書，名叫《致每次回神，都發現桌子亂成一團的你》，根據作者的研究，每個上班族**一年竟然有一百五十個小時**花在找東西。一百五十小時相當於一個月的工作時間，但既然上班族每年平均要花一百五十小時找東西，意味著**越是不在意這件事的人，只要努力下點工夫，必定可以省下更多找東西的時間**。

接下來要介紹的是我從各種整理術中取捨挑選之後，至今仍然實踐的「減少找東西時間」的秘訣。除了找東西以外，檔案管理也一樣，只要建立法則性和一貫性，找檔案也不需要耗費時間。只要實踐接下來介紹的方法，每天的工作時間可以節省一小時。

✓ 動動腦筋，徹底節省「找東西的時間」。

WEEK 3
24

「喜歡整理整頓」並不等於「工作能力強」

整理整頓是為了讓工作順利進行，訣竅在於**「每天」、「做一點」、「最低限度的事」**。那些「喜歡整理整頓」的人通常被認為「做事有條不紊」，容易受到他人的好評，但事實並不是這麼一回事。前面也曾經提到，打掃和整理很容易成為「逃避現實」，逃避眼前原本該做的事的工具。工作能力越強的人，越瞭解「如何整頓環境，讓工作順利進行」，也會極力減少整理的時間。**整理整頓是魔鬼工作，很容易讓人一不小心就花費太多時間，以為自己「做了不少事」**。

✓ **整理整頓的關鍵，在於「每天」、「做一點」、「最低限度的」整理。**

圖22	你是不是「喜歡整理整頓」?
工作能力強的人	在整理時，決定時間帶，同時限定時間。
	把整理整頓的時間視為「提升工作效率的時間」。
	瞭解整理整頓的目的是「為了整頓環境，讓工作順利進行」。
	不放任何會影響工作、導致分心的物品。東西越少越好。
	每天整理一部分。
只是喜歡整理整頓	回過神時，發現一整天都在整理桌子。
	在整理過程中，忍不住對著充滿回憶的物品陷入懷念，或是拿著以前的資料讀得出了神。
	把整理整頓變成了假裝在工作，或逃避現實的手段，而且自己並沒有意識到這一點，以為自己在工作。
	辦公桌上放了很多符合自己喜好的擺設和物品，過度愛乾淨、注重品味。
	心血來潮時，或是有了整理的興致，就會大肆整理一番，作為調適心情的手段。

WEEK 3
25

早上花十五分鐘，下班前花十五分鐘整理，一天就會不一樣！

整理整頓是為了整備理想的工作環境，但是，到底該什麼時候整理？我建議「限定早上十五分鐘，傍晚十五分鐘，而且一定要整理」。也就是說，必須在規定的時間內整理，並視為日常工作的一部分，而且時間一到就結束。整理時，只做能夠在十五分鐘內完成的整理工作。

只要每天早晚花三十分鐘，不需要特地花一大段時間整理，也能隨時保持乾淨的狀態。有些人每週或是每個月整理一次，或是等到髒亂不堪時才打掃和整理，所以就覺得整理很麻煩，成為一件累人的事。我每天都花三十分鐘整理辦公室的環境，每年年底都從來不需要大掃除。

早晨和傍晚的整理時間，整理的內容並不同。

早上十五分鐘是整頓環境，讓自己能夠心情愉快地工作。整理整頓的目的，是為了減少「找東西的時間」，讓一天可以變成二十七小時。同時，**在乾淨整齊的空間工作心情愉快，可以提升工作動力**。因此，早上一進辦公室，我就會花十五分鐘做以下這些事：

①打開窗戶，讓空氣流通（一分鐘）。

②點線香（冬天）或芳香精油（夏天）（一分鐘）。

③把瀝乾的餐具放回固定的位置（一分鐘）。

④打掃。不同天徹底打掃以下的空間（十二分鐘）。

↓「週一：鍵盤、滑鼠、螢幕等電腦周圍」、「週二：書架」、「週三：玄關和樓梯」、「週四：窗戶周圍」、「週五：陽台」。

⑤透氣完成後，關上窗戶，擦桌子上的灰塵。（一分鐘）。

傍晚十五分鐘的清理工作，是在工作結束之前，為明天的工作做好整理。我在離開辦公室前十五分鐘，都會做以下這些事，以便明天一進辦公室，就可以立刻著手工作。

①確認傳真，進行分類（一分鐘）。

②確認郵件、拆開，分類（五分鐘）。

③將今天蒐集到的資料和檔案中未整理的內容分類（五分鐘）。
④確認明天的工作（一分鐘）。
⑤把明天工作需要使用的東西放在桌上（三分鐘）。

「分類」指的是將不同客戶（案件）的資料放進客戶專屬的資料盒，將電子檔放進客戶專屬的資料夾。

為了能夠靠每天三十分鐘創造出最理想的工作環境，我會利用各類用品，該偷懶的地方就偷懶。比方說，我會用除塵紙代替抹布，用除塵紙拖把或租賃的拖把擦地。打掃和整理整頓的重點，就在於持續做，專心做，並借助輔助工具。

✓ 整理整頓的關鍵，在於決定「時間」和「目的」。

圖23	整理整頓必須明確意識「時間」和「目的」

POINT 在固定的時間專心清潔

POINT 明確決定「為什麼清潔」的目的

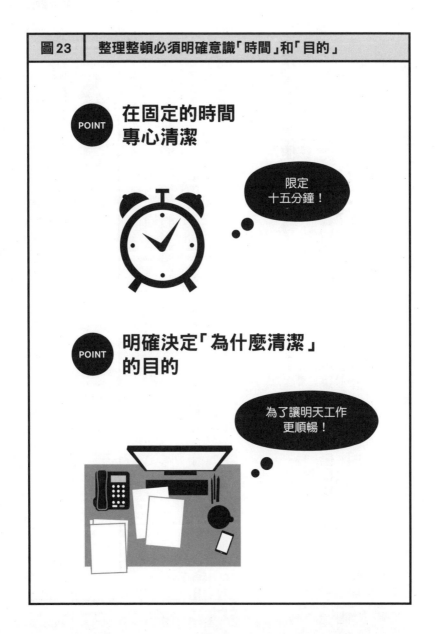

電腦的資料夾必須「方便搜尋」

接下來要談談電子檔案的管理方法。

「紙本電子化」是工作上的整理整頓術的第一步。在保存工作上的資料時，我會極力避免紙本，而是用電子檔案的方式保存。因為電子檔案不像紙本那麼佔據空間，而且日後搜尋也很方便。

決定規則，方便日後搜尋

在資料電子化時，必須特別注意的是，必須**建立規則，「方便日後搜尋」**。如果不徹底遵守這個規則，電子檔案因為缺乏縱覽性（無法拿在手上翻閱），會比紙本資料更麻煩。

首先必須注意的是資料夾的問題。**絕對要避免路徑太深層**。只要遵守在後面詳述的

圖24　錯誤的資料夾管理法

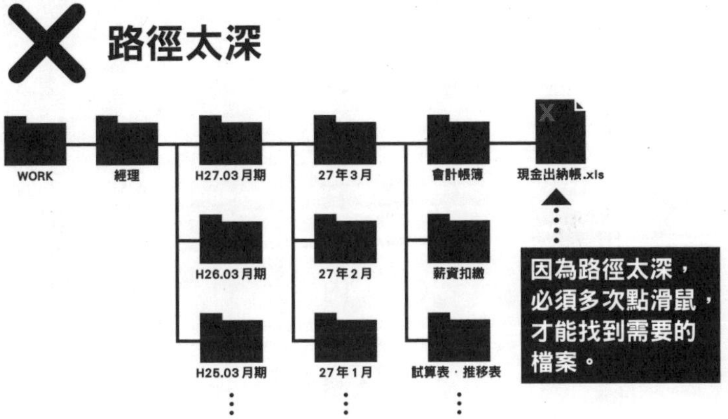
路徑太深
WORK
經理
H27.03月期
H26.03月期
H25.03月期
27年3月
27年2月
27年1月
會計帳簿
薪資扣繳
試算表・推移表
現金出納帳.xls
因為路徑太深，必須多次點滑鼠，才能找到需要的檔案。

「檔案命名規則」，現在的電腦處理速度很快，馬上就可以搜尋到相符的檔案。

「那個檔案跑到哪裡去了？」經常在找檔案的人，往往是因為資料夾的路徑太深層、太複雜。如果只靠資料夾保存、管理檔案，用電腦搜尋時，就會出現相同檔名的檔案。在操作時，也可能因為不小心碰到滑鼠，導致檔案移到其他地方，造成檔案失蹤的情況。

接下來，我要實際分享如何運用資料夾進行分類。在我的硬碟中，**只有四個資料夾**，分別是「KIM（我的姓氏木村的簡寫）」、「Work」、「SCAN」和「Others」，分別用來儲存不同的資料。

「KIM」…事務所的會計、總務相關資料，以及可以套用的圖表類。
「Work」…客戶的資料和寫作的文稿資料。
「SCAN」…用辦公室的掃描機掃描存取的檔案暫存處。
「Others」…不符合以上項目的資料暫存處。比方說，講座和研習的資料等。

在「KIM」、「SCAN」和「Others」的資料夾**完全沒有其他資料夾**，因為只要根據下一節所介紹的內容，建立明確的「檔案命名規則」，就可以輕鬆搜尋檔案。只有「Work」的資料夾內，不同的客戶有各自的資料夾。資料夾的名稱前四位數是客戶號碼。在我的事務所內，**將「財務報表提出期限月＋簽定顧問合約的順序」作為客戶號碼進行管理**，用檔案名排序時，就會按照決算月的順序排列，這樣很容易找到各個資料夾。

資料夾名稱前使用二到四位數的數字，利用排序功能，資料夾就可以整齊排列。這種資料夾管理方法可以運用在各個不同的行業。下一頁的內容是業務、總務和會計業的例子，可以用這種方式靈活運用。

圖25　四個資料夾就夠用

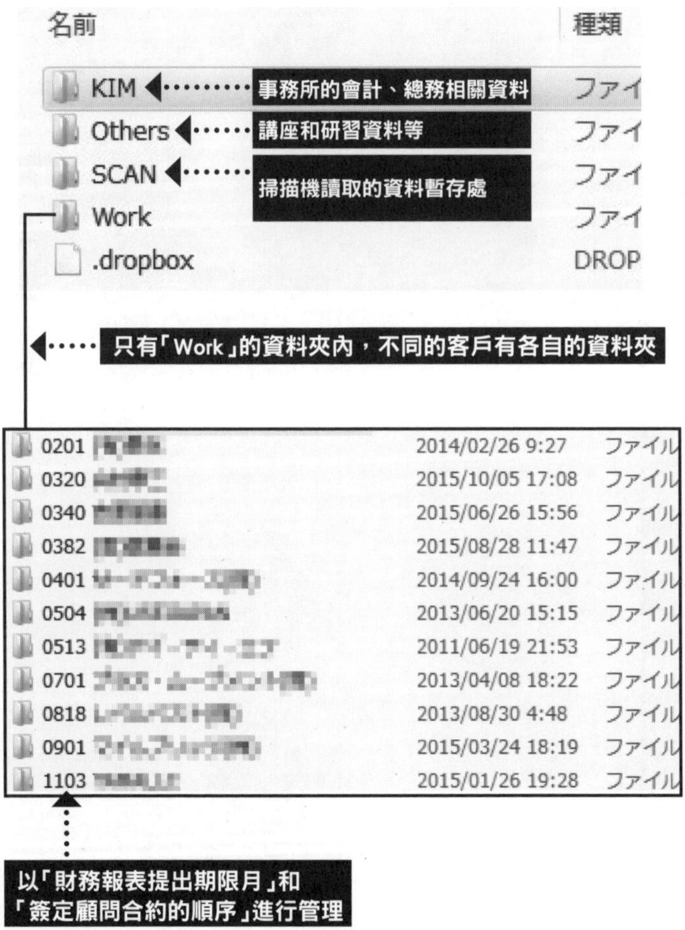
名前
種類
KIM
事務所的會計、總務相關資料
Others
講座和研習資料等
SCAN
掃描機讀取的資料暫存處
Work
.dropbox
DROP
只有「Work」的資料夾內，不同的客戶有各自的資料夾
0201 2014/02/26 9:27
0320 2015/10/05 17:08
0340 2015/06/26 15:56
0382 2015/08/28 11:47
0401 2014/09/24 16:00
0504 2013/06/20 15:15
0513 2011/06/19 21:53
0701 2013/04/08 18:22
0818 2013/08/30 4:48
0901 2015/03/24 18:19
1103 2015/01/26 19:28
以「財務報表提出期限月」和
「簽定顧問合約的順序」進行管理

我一再重申，無論是任何行業、職業，都必須注意一件事，那就是**「硬碟的資料夾最多只能有一到兩個路徑，不要有太多層」**。

✓ 資料夾的數量不要太多，路徑不要有太多層。

圖26 不同行業的資料夾管理法

業務工作的情況

針對不同的客戶，設立不同的資料夾

0201 一岡商事（有限公司）
0202 （株）赤松運輸
0206 （株）布拉德商會
0301 松山管理（株）
0401 （株）緒方化成
0402 東洋水產
0501 醫療法人社團菊池會

在檔案最前方標上客戶號碼，之後更容易整理

總務·會計工作的情況

按工作類別設置檔案夾

10 月度決算
20 會議
30 傳真寄送單
40 資料寄送單
50 薪資收入
60 法務
70 特殊業務
80 報稅單
90 永久保存
99 各種資料

為了避免路徑太深，分成不同的資料夾

WEEK 3
27

一眼就可以找到檔案的「檔案命名規則」

瞭解資料夾的管理方法之後，再來談談檔案的命名。檔案必須遵循規則進行命名。

比方說，「客戶名稱是否要用簡稱」、「是否要加入日期」，如果**隨心所欲地亂命名，就無法很快找到檔案**。必須建立命名規則，根據這個規則命名，就可以搜尋後，馬上找到檔案。

我採用**「客戶名字＋檔案名＋檔案製作日期」**的方式命名檔案。這是以前經營稅務士事務所時，大家共用檔案時決定的命名規則。即使目前我獨立工作，這種命名規則仍然發揮了很大的作用，我的私人電子檔也用這種方法保存。

除此以外，**客戶名稱不要用簡稱，而是用正式的公司名字**。因為一旦使用簡稱，團隊合作時，統一名稱就成為一件麻煩事。在製作新的檔案命名時，必須花時間調查或思考，「那個客戶的簡稱是什麼？」

圖27　一眼就可以找到的「檔案命名規則」

Mile Bridge（株）1308- 月度報告 130927.xls
Mile Bridge（株）1308- 租金 130927.xls
Mile Bridge（株）1308- 繳稅日程 130826.xls
Mile Bridge（株）1308- 存款 130927.pdf
Mile Bridge（株）1308- 墊付經費 130927.pdf

命名規則的基本，就是「客戶名字＋檔案名＋檔案製作日期」

○木村工作室（株）決算會議相關事宜150915.docx

×KWC決算會議相關事宜150915.docx

像這樣，如果使用簡稱，就會造成不必要的猶豫，「到底是KW，還是KWC？」

檔案名絕對不要使用相同的名字！

也許有人覺得，「既然不同的客戶有不同的資料夾，為什麼檔案名還要加客戶的名字？」這是為了**避免同一台電腦內，有相同檔案名稱的檔案**。

比方說，假設有以下兩個檔案：

・木村工作室（株）決算會議相關事宜 150915.docx

・一岡商事（有）決算會議相關事宜 150915.docx

即使因為按錯滑鼠，不小心將這兩個檔案存在同一個資料夾內，因為兩個檔案的名稱不同，檔案內容也不會遭到取代。但是，如果兩個在不同資料夾內的檔案取了相同的名字：

・木村工作室（株）
↓決算會議相關事宜 150915.docx

・一岡商事（有）
↓決算會議相關事宜 150915.docx

萬一被存到同一個資料夾內，其中一個檔案就會被取代而消失。因此，檔案名一定要有客戶的名字。

另外，收到外來（客戶等）的電子檔資料，儲存在自己電腦時，也要根據這種方式重新命名後儲存。

如果各位的公司並沒有相關規則，不妨先在自己的電腦中，用這種方式管理檔案。

在感受到這種方法的便利性後，可以向同事提議這個方法。**在團隊工作中，所有人都用這個方法，才能夠發揮威力**，也有助於提升整個職場的業務效率。

✓ 檔案以「客戶名字＋檔案名＋檔案製作日期」的方式進行管理。

WEEK 3
28

不需要的檔案就刪除！檔案的刪除規則是？

前一節談論了「檔案命名規則」，在作業的過程中，隨時變更檔案的名字另存新檔。比方說，在九月十六日修改了「春天出版 書籍企劃 150915.docx」的檔案後，就要用「春天出版 書籍企劃 150916.docx」的檔案名另存新檔。於是，關於這本書的企劃資料就有兩份檔案。

在擔任顧問工作和寫作工作時，經常需要「看看之前的檔案」，進行複雜的稅務試算時，會嘗試不同的算式或是巨集，有時候**會發現「還是之前那個比較理想！」所以也會保留之前的檔案**。在整個作業都完成後，就會取「春天出版 書籍企劃 Fin 150917.docx」的檔案名另存新檔，檔案名中的「Fin」代表「Final」的意思，然後刪除「Fin」檔案以外的所有檔案。

雖然可以藉由搜尋找到檔案，但還是要極力避免不需要的檔案留在電腦內。如此一

區分作業檔案和完成檔案。

圖28 區分作業檔案和完成檔案的方法

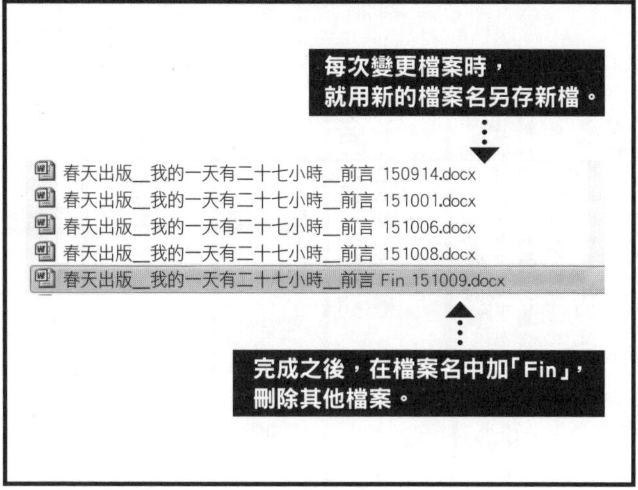
每次變更檔案時，
就用新的檔案名另存新檔。
春天出版__我的一天有二十七小時__前言 150914.docx
春天出版__我的一天有二十七小時__前言 151001.docx
春天出版__我的一天有二十七小時__前言 151006.docx
春天出版__我的一天有二十七小時__前言 151008.docx
春天出版__我的一天有二十七小時__前言 Fin 151009.docx
完成之後，在檔案名中加「Fin」，
刪除其他檔案。

來，就可以馬上知道必須保留的檔案，而且建立可以靈活運用的「Fin」規則，**在結束這項工作之後，刪除「Fin」檔案以外的所有檔案**。需要重新思考或是推敲的檔案（文稿或是企劃案等），在工作完全結束之前，最好不要輕易刪除。

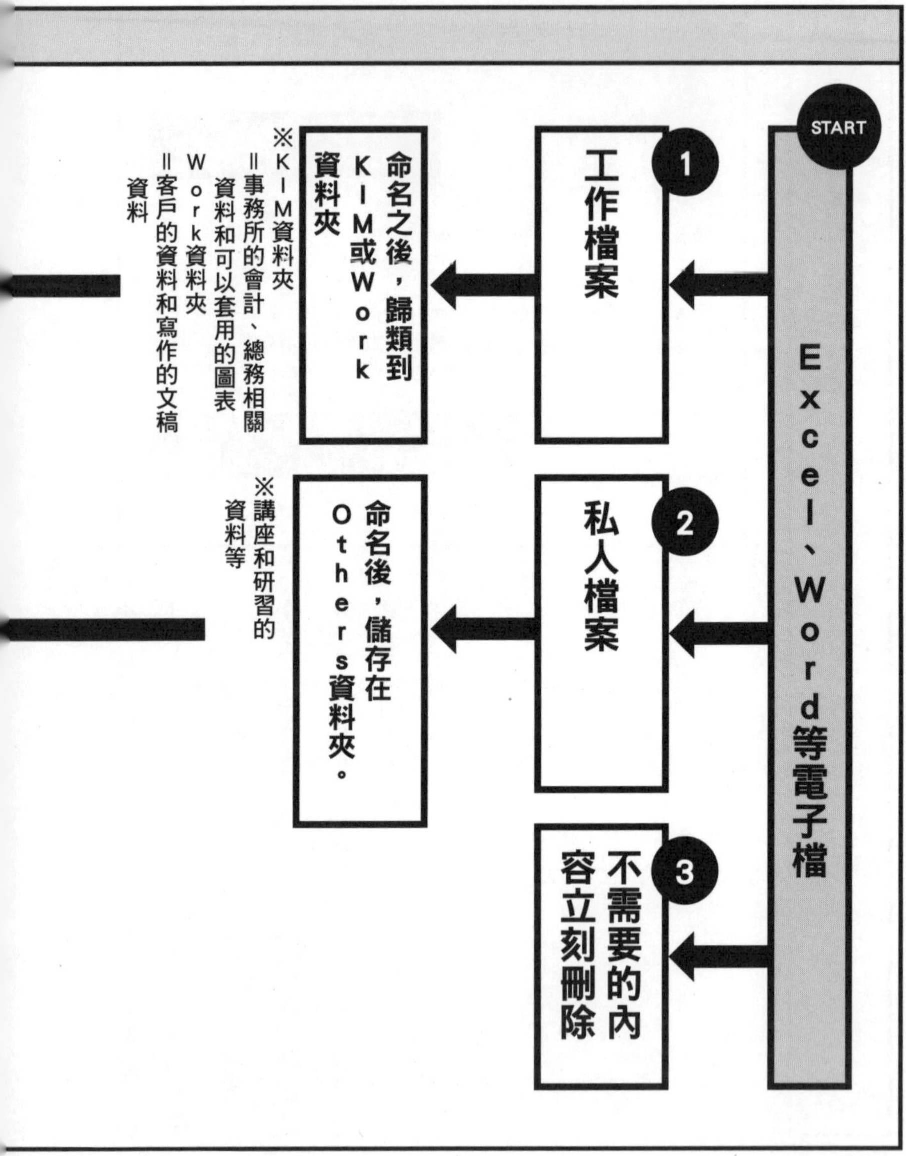
START
Excel、Word等電子檔
1
工作檔案
命名之後，歸類到KIM或Work資料夾
※KIM資料夾
＝事務所的會計、總務相關資料和可以套用的圖表
Work資料夾
＝客戶的資料和寫作的文稿資料
2
私人檔案
命名後，儲存在Others資料夾。
※講座和研習的資料等
3
不需要的內容立刻刪除

圖29 電子檔的超級整理法

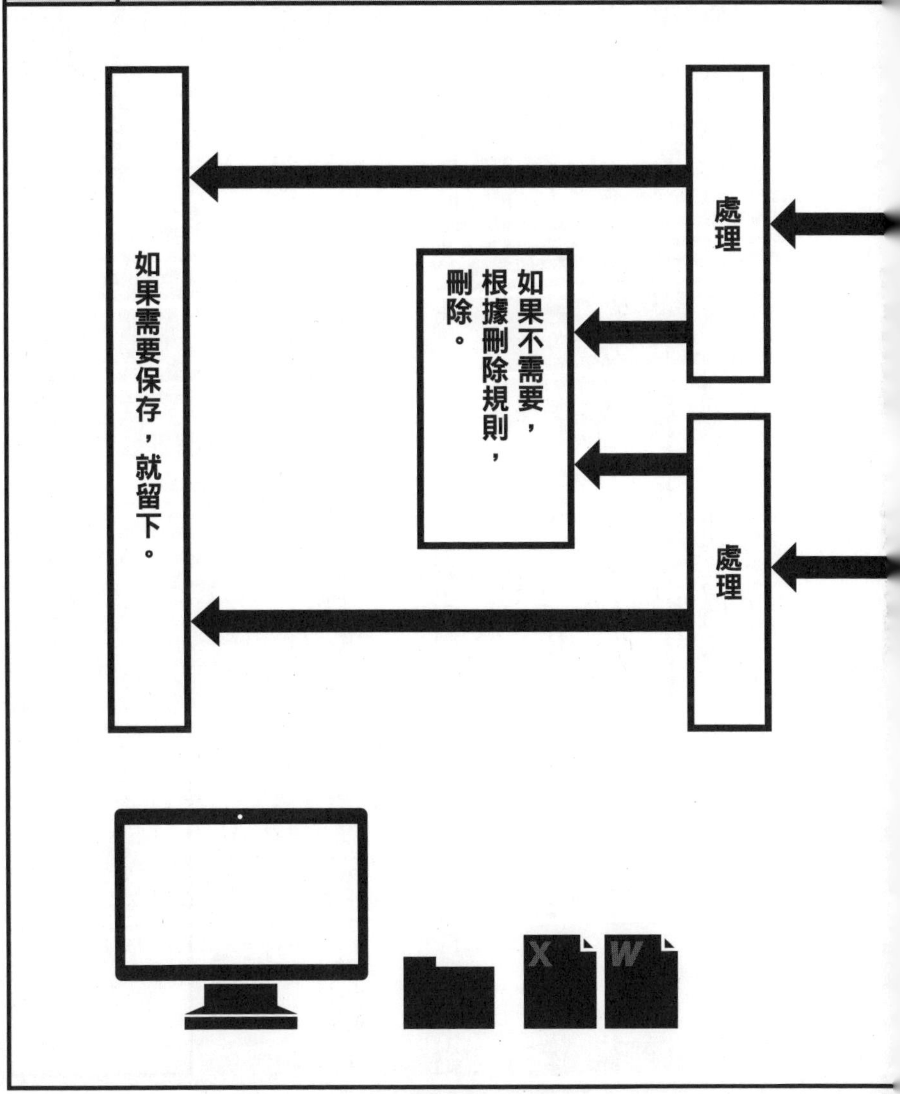
處理
處理
如果不需要，根據刪除規則，刪除。
如果需要保存，就留下。
X
W

WEEK 3
29

電子郵件、MUA是最強的備忘錄、業務處理簿

不妨把電子郵件當作業務處理簿和備忘錄，充分加以運用。我的工作有時候涉及稅務士法上的問題，所以必須記錄客戶的要求和談話的內容，我相信各位的工作也是如此。

討論工作問題時，我會盡量用電子郵件。因為使用電子郵件討論，就會自動留下紀錄，不需要浪費時間將對話抄寫在筆記本上。

電子郵件的最大好處，就在於當忘記「下次約在什麼時候見面？」「主辦單位希望我在講座上談論什麼主題？」時，就可以查紀錄。使用MUA（Mail User Agent，郵件使用者代理人）時，也可以像在電腦搜尋檔案一樣，用關鍵字很快找到想要的資訊。只要設定智慧型手機也可以查電腦內的郵件，即使出門在外，也可以隨時搜尋。

圖30　把電子郵件當成業務處理簿

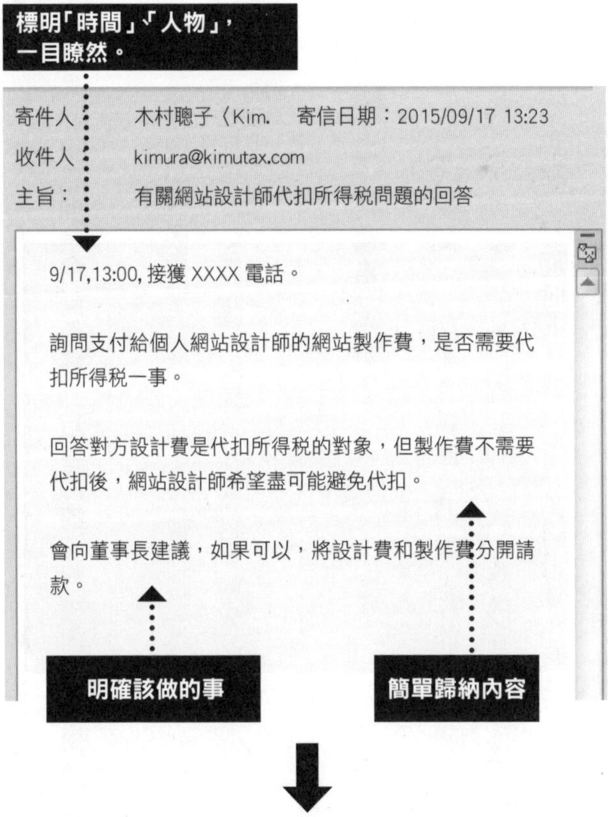
標明「時間」、「人物」，一目瞭然。
寄件人　木村聰子〈Kim.　寄信日期：2015/09/17 13:23
收件人　kimura@kimutax.com
主旨：　有關網站設計師代扣所得稅問題的回答
9/17,13:00, 接獲 XXXX 電話。
詢問支付給個人網站設計師的網站製作費，是否需要代扣所得稅一事。
回答對方設計費是代扣所得稅的對象，但製作費不需要代扣後，網站設計師希望盡可能避免代扣。
會向董事長建議，如果可以，將設計費和製作費分開請款。
明確該做的事
簡單歸納內容

針對不同客戶，分別儲存在不同的資料夾，就完成了業務處理簿！

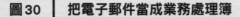

根據「電子郵件」的往返加以整理

看電子郵件、回覆、將電子郵件中談到的工作填入月計畫表（週計畫表）之後，**將客戶的電子郵件和自己回覆的郵件移到該客戶的資料夾內，就可以成為「業務處理簿」**。

把電子郵件當作備忘錄使用很方便。以前，我曾經將客戶的特殊要求和處理事項都抄寫在其他地方，或是用 Excel 記錄，但經常會忘記，無法妥善使用。如今這種方法很適合我。

如果用電話討論工作的事怎麼辦？

寫到這裡，或許有人納悶，「如果在電話中討論工作的事，該怎麼辦？」如果在電話中討論或回答時，可以按照前一頁圖30的方式，**將內容寫成電子郵件，然後發給自己**。如果在電話中預約了見面時間，我就會立刻將日期和時間登記在 Google 的日曆上，所以並不會特別記下來。如果手上剛好沒有手機或電腦可以在 Google 日曆上記錄時，就會寫在平時隨時帶在身上的 Moleskine《Volant Journal》XS 尺寸的筆記本上，在Google日曆上登記完成後，就會撕掉那一頁。這個小筆記本隨時和筆一起放在皮夾裡，當手邊剛好沒有電腦，或是手機沒電時，就可以暫時記錄需要輸入電腦的內容。

當透過電話，接到「希望在九月二十四日之前完成講義」這種已經決定期限的工作時，就會直接寫在月計畫表（週計畫表）上，並不會另外記錄。我的月計畫表（週計畫表）幾乎不離身，所以不可能發生接到電話時，「我的計畫表不見了！」的狀況。

✓ 把電子郵件當作備忘錄和業務處理簿，充分加以運用。

WEEK 3
30

將 Evernote 作為超方便的會議記錄

不知道各位如何管理和客戶開會時的會議記錄？我使用的是 Evernote（http://evernote.com/）。Evernote 是製作、管理各種電子檔案，記錄各種資訊的雲端記事本。雲端服務可以將資料和軟體儲存在網路上，無論在家中、職場或外出時，都可透過任何電子設備瀏覽、編輯和上傳檔案。

Evernote 也可以登入儲存在雲端伺服器上的資料，加以補充、修改和瀏覽。**只要可以連上網路，無論用電腦或手機，都可以登入自己的紀錄檔資料**。

我的工作是面對幾十位客戶，定期和他們面談，討論有關稅務、會計和經營方面的問題，結束每年度的決算。在年度決算時，會計年度初期開始討論的每一項內容都很重要，必須留下紀錄，並定期加以確認，這是我工作中最重要的部分。

紙本筆記很難「搜尋」

關於「筆記」的問題，自從進入這個行業之後，我就試了各種方法。曾經為每一位客戶準備了一本筆記本，也曾經用活頁夾，為每一位客戶做索引，還用 Excel 建立資料庫，將議事記錄在上面。

但是，使用紙本的方法時，**遇到「我記得之前曾經討論過董事的薪水金額，但當時的紀錄不知道寫在哪裡……」之類的情況，就無法用關鍵字搜尋想要的資料**。而且，紙張很佔空間，日子一久，數量就很驚人。

Excel 的資料庫雖然不佔空間，但必須用文字記錄這一點讓我很頭痛。因為我在記錄時，經常會畫很多相關圖和概念圖之類的圖形，所以很希望能夠用紙筆的方式，記錄下討論的內容。

在經過各種嘗試之後，最後遇到了 Evernote。

首先，我會將內容寫在可撕式橫線記事本上。可撕式橫線筆記本很輕巧，方便帶在身上，而且上方有騎縫線，方便使用後撕下保存。回到事務所後，我就會撕下，用掃描機掃描後，以 PDF 檔的方式儲存。

最大的優點就是可以整理「資訊」！

接著，Evernote 就可以發揮作用了。在 Evernote 內製作一份新的筆記，並為筆記取一個可以瞭解討論內容的名字，將會議記錄的 PDF 保存在筆記上就完成了。**Evernote 可以將不同性質的資料歸在同一份筆記上，所以不妨把文字的照片或聲音檔都保存在同一份檔案中。**

Evernote 還有標籤功能和資料夾功能，但我沒有使用標籤功能，只是分別將筆記保存在用客戶名字命名的資料夾中進行管理。

✓ 聰明使用 Evernote 代替筆記。

圖31　用Evernote保存筆記和會議記錄

1 開會時，記下筆記和會議記錄

↓

2 用掃描機讀取

↓

3 在Evernote中，用容易搜尋的名字製作筆記

例如：客戶名字＋內容＋日期
山田商事 見面 151203

↓

4 以PDF檔保存在Evernote！

- 可以隨時、隨地看資料
- 不會像紙本一樣佔地方
- 搜尋起來非常方便

WEEK 3 31

「隨身硬碟」Dropbox 活用法

接著，來談談 Dropbox（http://www.dorpbox.com/ja/）。

Dropbox 也是一種雲端服務，可以把各種資料和檔案上傳到雲端伺服器儲存，和 Evernote 一樣，無論在家中、公司等任何地方，都可以用電子產品登入。

也許有人會問，「Dropbox 和 Evernote 有什麼不同？」容我再次說明，**Evernote 是作為「筆記」使用**，①將開會的內容記錄後，掃描成 PDF 檔保存。②將開會相關的照片、圖像和聲音等資料和掃描的 PDF 檔放在一起（正因為有②的功能，所以我把 Evernote 代替筆記本使用）。**Dropbox 是作為電腦的「隨身硬碟」使用**。

因為無論在任何地方，都可以瀏覽、登入電腦的檔案，外出遇到客戶洽詢時，就不必回答：「等我回到事務所之後再告訴你。」

學會妥善使用 Dropbox，可以在任何地方工作，也可以有效利用移動空檔的零星時間。**只要將公司的電腦和筆電同步，帶資料去客戶那裡時，就可以大幅減少準備的時間**。這只是在雲端伺服器上備份，也是我認為 Dropbox 很大的優點之一。

除此以外，還可以利用 Dropbox 的共享功能，將特定的資料夾和客戶、工作上的合作夥伴共享。一旦使用這種功能，討論的次數就會大幅減少，有助於節省彼此的時間。

有了 Dropbox，可以在任何地方工作！

WEEK 3
32

哪些東西不電子化，用紙本留下來？

我因為工作性質的關係，如果不努力電子化，就會被紙張包圍。因為電子化不佔空間，而且也方便搜尋，所以工作上的資料都努力電子化。

除了稅務會計資料基礎的收據、請款單等憑證類（規定必須用紙本保存的物品）以外，所有的資料都電子化。客戶交給我的紙本資料、參加講座的講義、寫作時的參考資料全都掃描後用電子檔保存。

但是，有些東西會特地用紙本方式保留下來。例如，**「充滿回憶的物品」**、**「書籍、稅法的書和條文集」**。

比方說，令人感動的報導、曾經照顧我的人寫的信、感謝函、賀年卡等，都是充滿回憶的物品。我會按年度分類，放在漂亮的盒子內保存。我稱之為「回憶盒」，盒子上不會特別貼標籤，只是裝進盒子而已，有時候想知道「那一年發生了什麼？」就會把那一年的盒子打開，讓自己沉浸在回憶中。一方面是因為我很珍惜從這些實物中感受到的力量，另一方面是因為**很多都是形狀不定形的物品，掃描會很花時間，所以直接用紙本的方式保存**。

看書這件事，我也曾經嘗試 Kindle 等電子書，但我看書習慣先快速翻閱後，再前前後後翻閱，才能記住書的內容，所以是紙本書支持派。

稅法的書和條文集也都習慣「紙本」。因為職業的關係，雖然也會上網查稅法的條文，但仔細研究時，必須在各種法令（法律、行政命令、實施規則、公告等）的字裡行間反覆推敲，對我來說，紙本使用起來更方便。

✓ 「充滿回憶的物品」不勉強電子化，而是留下紙本。

WEEK 3 33

用「固定位置管理法」，打造完美辦公桌！

就好像住家有地址一樣，在工廠內，工具等物品放置的位置都會編號。我看了客戶的工廠之後，瞭解到這種徹底的固定位置管理方法，於是決定見賢思齊，**決定讓辦公室的物品都有明確的位置**。

具體來說，就是「桌子抽屜①放○○、××，抽屜②放△△和□□」，為所有的收納傢俱和收納空間都列出配置清單。原子筆、剪刀、膠水都有各自固定的位置。

如果買了原本沒有的新文具，就會為它決定固定位置，列入清單。

我認為，**所謂整理整頓，就是將「什麼東西放在哪裡、放多少」規則化，然後讓任何人隨時都能夠瞭解這個規則**。只要遵守這個規則，辦公室（也可以用於住家）就會整齊乾淨，也不會放、不會買不必要的東西，也不會浪費找東西的時間，有很多優點。以下是整理辦公桌的四個重點：

①非消耗品只要一件就夠用。

以前，即使是消耗品以外比較有耐久性的東西（剪刀等），我也都會準備兩樣，因為萬一壞掉時，可以隨時有備用品代替。

如今向 ASKUL 或是 KAUNET 等為公司行號服務的網站訂購文具，當天就可以送到，而且也可以在便利商店買到文具，所以，對於那些可以很快買到的東西，我乾脆**「把便利商店當自家倉庫」**，不再準備備用品。這也有助於節省空間，節省整理的時間。

但是，對於必須在幾天~幾個月定期購買的消耗品（像是飲料、透明資料夾、衛生紙等），一定會維持一次訂購量的庫存。另外，像是「如果沒有這個東西，或是一旦壞了，會嚴重影響工作」的東西，就會準備兩個。對我來說，「用慣的電腦」就屬於這類東西，我同時有桌上型電腦和筆電，兩者都是隨時可以使用的狀態。

②包括備用品在內，都有固定位置。

有備用品的東西，會連同備用的份都有固定位置。如果放備用品的地方空了，就代表必須訂購了。如果不明確備用品放置的位置，就會發生備用品也用完，或是買了又買的情況。

比方說，用來記錄討論內容、會議記錄的可撕式橫線記事本。我都會放在辦公桌側邊的第三個抽屜的固定位置，如果手邊的記事本用完了，就從抽屜裡拿出新的記事本補充。當庫存也用完時，就會一次購買三本新的記事本。

③每樣東西的固定位置都記在 Excel 檔案上。

決定固定位置後，不要覺得「反正辦公室（家裡）就這麼大」，要把收納的地方和項目都記錄下來，這就好像有人會在放衣服的盒子上貼「秋冬衣物」、「春夏衣服」和「貼身衣物」的標籤一樣。

雖然直接在收納的地方直接寫上裡面放的東西的方法也不錯，我採取利用 Excel 登記物品名和收納場所。

這麼做的理由很簡單，因為**不需要靠記憶**。

一旦靠記憶，就會發生「咦？那樣東西放在哪裡？」的情況四處尋找。因為我想要節省找東西的時間，所以就將清單電子化。比方說，想知道「印章的補充墨水放在哪裡？」時，就用「墨水」等關鍵字從檔案中搜尋。

④辦公桌抽屜中收納的物品也要有規則。

辦公桌抽屜是職場內離自己最近的收納空間，在這裡介紹一下我的辦公桌抽屜收納術。

辦公桌通常有三個抽屜，我用以下的方法區分使用：**「第一個抽屜用來放平時放在桌上的東西」**、**「第二個保持清空狀態」**、**「第三個用來放備用品」**，同時，**「不使用放不進抽屜的東西」**。

第一個抽屜較淺，用來放經常使用的文具，具體來說，就是便利貼、釘書機、夾子和膠水等。

第二個抽屜稍微深一點，用來作為今天要做的工作相關資料的「暫放處」。也就是說，平時保持清空的狀態。目前正在處理的工作的相關物品都放在桌上，把今天要做的其他工作暫時放進抽屜，就可以專心處理目前的工作，同時，因為「這個抽屜空了，就代表今天的工作都做完了！」可以用肉眼觀察工作的進度，發揮激勵效果。

第三個更深的抽屜用來放透明資料夾、文件和索引等大於Ａ４尺寸的大型物品，以及文具的備用品。

✓ 首先在自己的辦公桌運用「固定位置管理法」。

圖32	用「固定位置管理法」，打造完美辦公桌

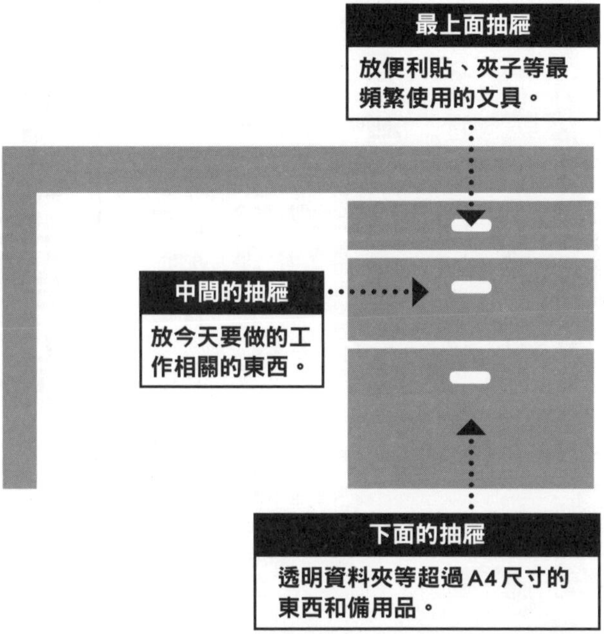
最上面抽屜
放便利貼、夾子等最頻繁使用的文具。
中間的抽屜
放今天要做的工作相關的東西。
下面的抽屜
透明資料夾等超過A4尺寸的東西和備用品。

POINT

- 不要靠記憶，要製作清單記錄「哪裡放了什麼」。
- 非消耗品（剪刀等）只要一個就夠用。（節省空間和整理的時間）
- 桌上盡可能不要放東西。

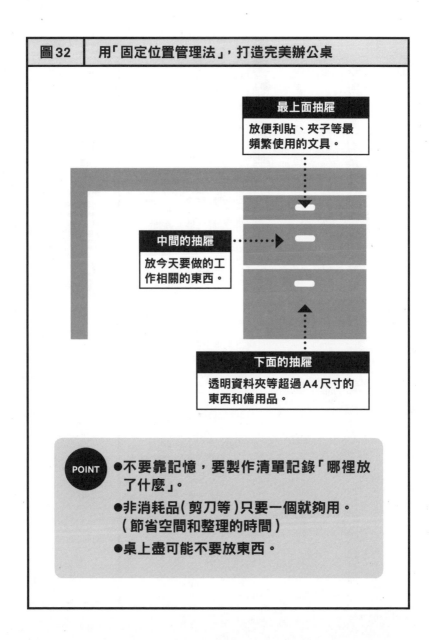

WEEK 3
34

客戶專用文件盒可以帶來「一定在這裡」的安心感

「客戶專用文件盒」也是我實施的「固定位置管理」的一個環節。

稅務士的業務有很大一部分是和客戶簽定顧問合約，每個月處理客戶送來的文件。因此，我為每位客戶準備了一個「客戶專用文件盒」。

設置資料暫存處

我使用 IKEA 的白色雜誌匣作為「客戶專用文件盒」，收到文件或資料後，就直接丟進去，把文件盒作為在**處理這些文件之前的「暫存處」**。

之所以使用白色雜誌匣，是因為放一整排時，視覺比較清爽，不會覺得辦公室很凌亂。而且，因為雜誌匣不透明，所以在處理其他業務時不會分心。客戶專用文件盒也是實現「專心眼前業務」的工具之一。

圖33	設置客戶專用文件盒

我的工作有「保守秘密的義務」，也必須守住「機密」。文件盒有助於防止混入其他客戶的文件和資料。因為在將文件和資料歸還給客戶時，萬一不小心混入其他客戶的文件和資料，後果就不堪設想。

減少找文件的時間，同時可以增加「安心感」

「專用文件盒」還有意想不到的效果。**除了可以預防文件四散，還可以大幅減少尋找文件的時間，同時還可以帶來安心感，知道有關客戶的文件和資料，都會在專用文件盒內**。

但是，專用文件盒只是從客戶手上拿到這些文件後，到處理這些文件為止的「暫時存放處」而已，要避免專用文件盒內塞滿文件資料的狀況。處理完畢之後，先將必要的文件掃描存檔，再丟棄影本，交還正本給客戶。在處理完成後，要徹底將專用文件盒清空。

總之，絕對不要讓客戶的資料「越積越多」。完成月度結算後，將正本掃描之後，把正本還給客戶，不需要歸還給客戶的文件和資料就立刻丟棄。

各位可以根據自己的工作種類，靈活運用「專用文件盒」的方法。比方說，如果是設計事務所，可以為客戶委託的不同案子設置「案件專用文件盒」。

我用客戶的名字為「專用文件盒」命名，**使用黏性較強的便利貼寫上客戶的名字，貼在專用文件盒上。因為這種方式方便重寫、替換**。雖然使用標籤機印出來的標籤整齊漂亮，但必須浪費製作、貼上和撕下的時間，這些地方也努力做到「短時間」、「省力化」。

✓ 為每位客戶設置「專用文件盒」，暫時存放資料。

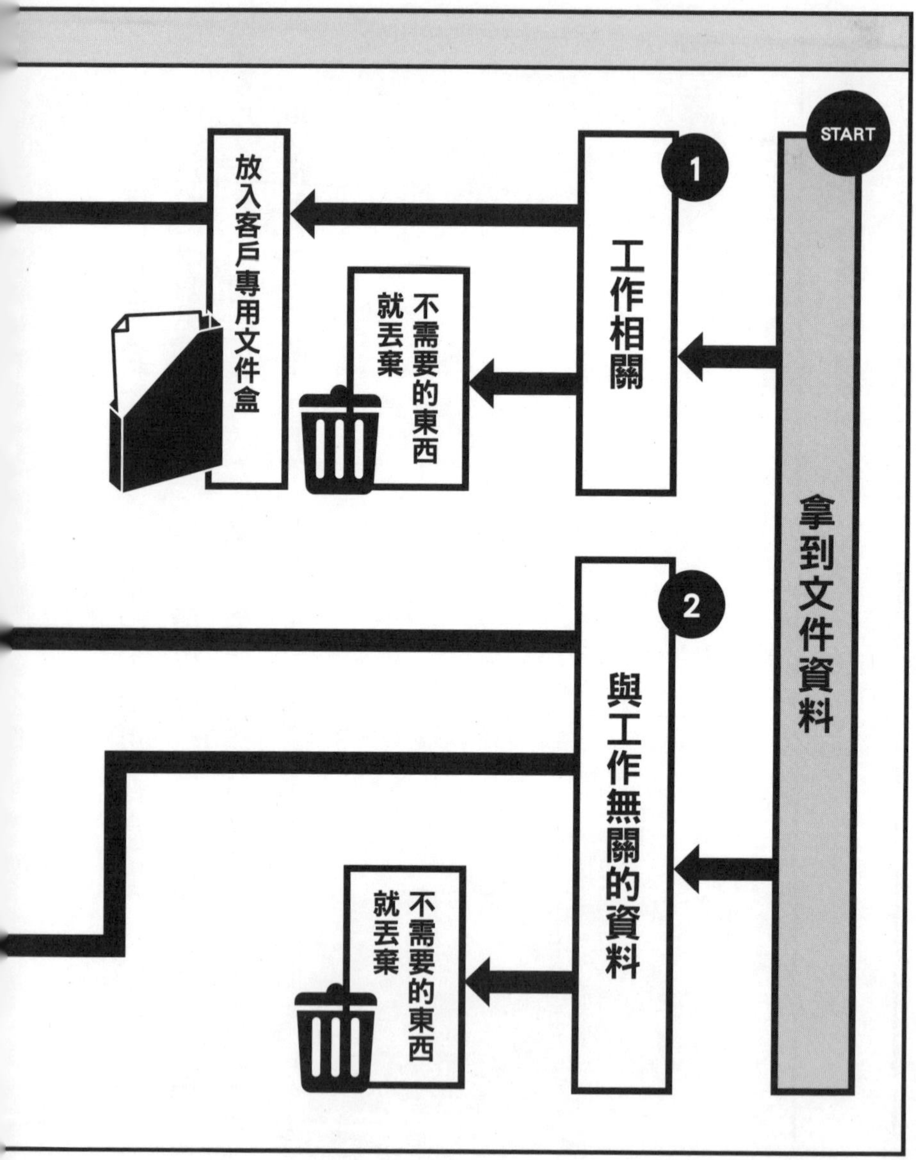
START
拿到文件資料
1
工作相關
放入客戶專用文件盒
不需要的東西就丟棄
2
與工作無關的資料
不需要的東西就丟棄

圖34 文件資料的超級分類法

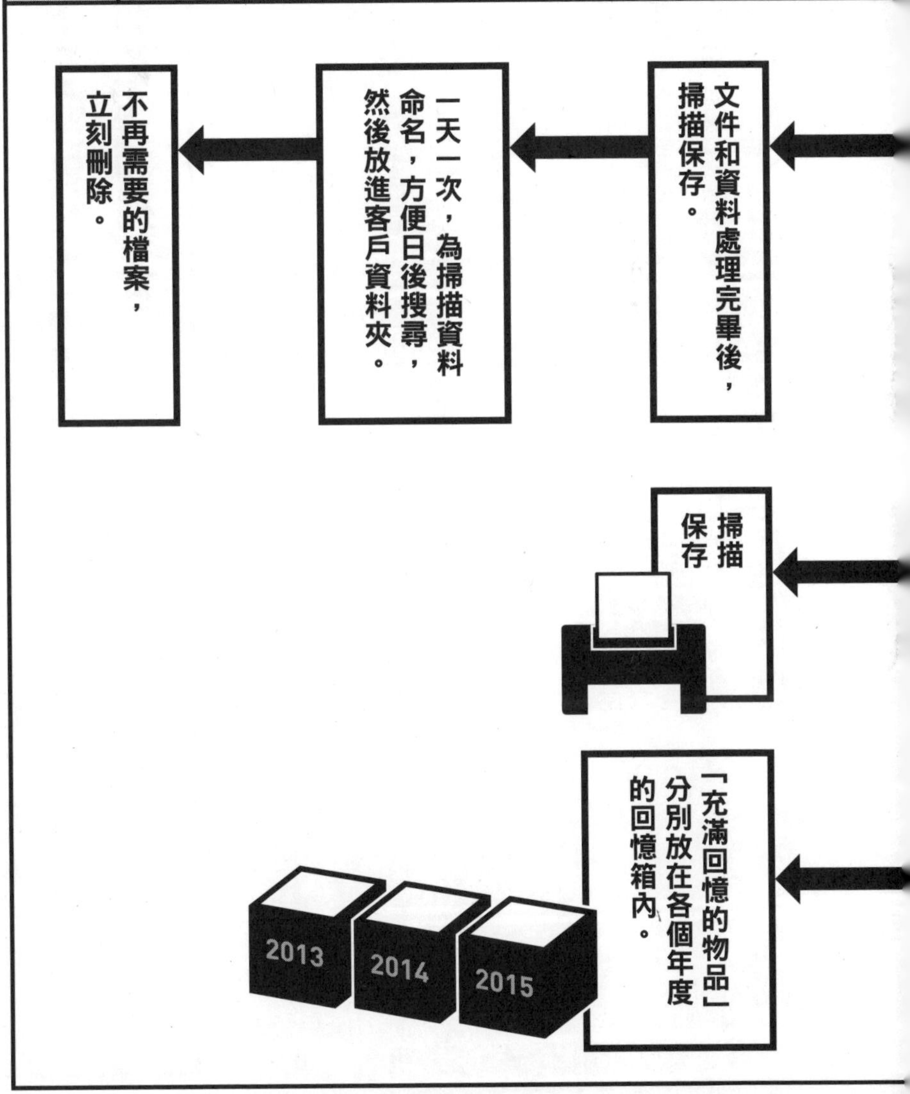
文件和資料處理完畢後，掃描保存。
一天一次，為掃描資料命名，方便日後搜尋，然後放進客戶資料夾。
不再需要的檔案，立刻刪除。
掃描保存
「充滿回憶的物品」分別放在各個年度的回憶箱內。
2013
2014
2015

WEEK 3 35

四十三個資料夾法，不必花時間找文件

我努力將文件和資料電子化，但每天還是收到很多紙本的文件和資料。客戶送來的邀請函、請柬、今天約定見面地點的地圖、出差使用的車票，還有匯款證明等等。

在整理這些東西時，我運用了大衛．艾倫的著作《搞定！2分鐘輕鬆管理工作與生活（Getting Things Done）》中所介紹的四十三個資料夾法。四十三個資料夾法，就是使用四十三個資料夾，整理一年十二個月、三百六十五天的資料。我的具體做法如下：

①準備四十三個懸掛資料夾。

②其中三十一個資料夾的索引標上一日～三十一日的日期。

③剩下十二個資料夾的索引標上一月～十二月的月份。

④在②標上日期的資料夾中，把今天至三十一日的資料夾放在最前面。

⑤在③的月份資料夾中，把下個月的資料夾放在④的後方。

圖35　四十三個資料夾，完美管理文件資料

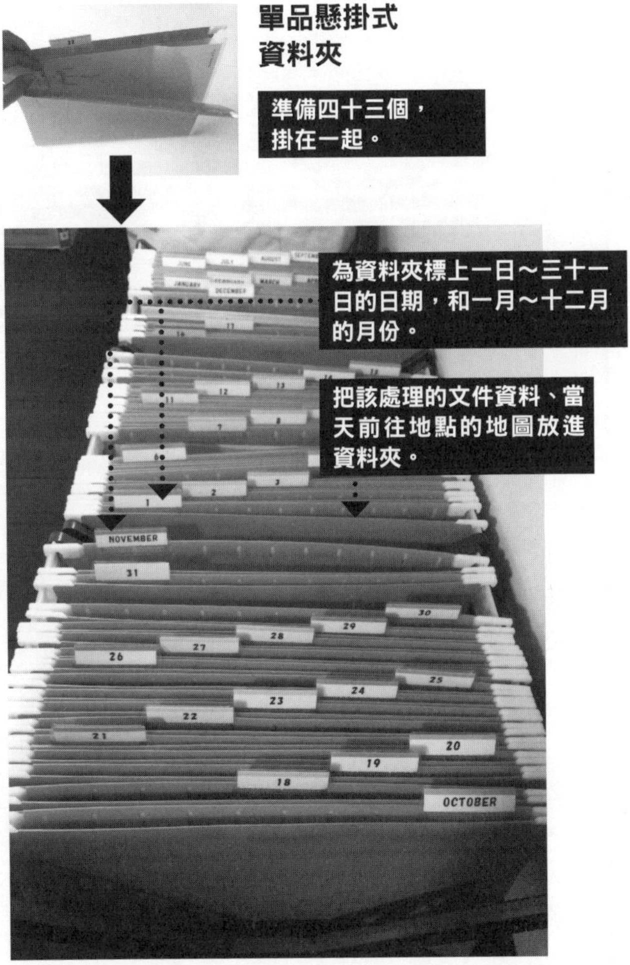
單品懸掛式
資料夾
準備四十三個，
掛在一起。
為資料夾標上一日～三十一日的日期，和一月～十二月的月份。
把該處理的文件資料、當天前往地點的地圖放進資料夾。
NOVEMBER
OCTOBER

⑥日期資料夾中，一日到昨天的資料夾排放在⑤的後面。

⑦月份資料夾中，將下下個月至上個月為止的資料夾，放在⑥的後方。

最後，只要把哪天該處理，或是那天要使用的文件和資料放進那一天，或是那個月份資料夾中。到了當天或是當月，只要打開個別資料夾，將裡面的文件和資料拿出來，就可以直接處理和使用。

因此，**四十三個資料夾法，就像是分別整理資料夾內的文件資料，交給未來的自己的時空膠囊**，也因此大幅節省了「找東西的時間」。

✓ 用四十三個資料夾法，管理十二個月、三百六十五天的文件資料。

圖36 「客戶專用文件盒」與「四十三個資料夾」的差異

	客戶專用文件盒	四十三個資料夾法
放置物品	**客戶相關的文件** 【例】 · 帳戶資料 · 作業時需要的筆記 · 寫作或演講的委託文件、意向書	**總務、庶務和私人相關物品，當天需要的文件和資料。** 【例】 · 支付各種支出的匯款單 · 列印了當天前往地點的地圖、換車路線和時間 · 參加講座和研習時需要的門票 · 出差時的車票
功能	文件和資料處理之前的暫時保管處	已經處理到某種程度的資料，不需在使用當天再花時間尋找。
期限管理	用月計畫表和週計畫表管理（等到處理日當天，將資料和文件取出）	透過四十三個資料夾上的標籤管理（當天從『那一天』的資料夾內拿出資料）
行動契機	記在週計畫表上的處理日	早上打開四十三個資料夾中「那一天」的資料夾，開始處理相關工作。

「一日一棄」，天天向上提升！

前面「WEEK 3 33」分享了整理抽屜的訣竅，其實除此以外，還有另一個訣竅。新的訣竅就是用完一樣東西，或是丟了一樣東西之後，才買新的東西。或是「想要」什麼新東西時，先想一想，是否可以用目前手上的東西替代。**不增加東西是減少整理時間的最大訣竅**。

因此，我推薦各位「一日一棄」。「一日一棄」就是文字表面的意思，**「每天丟棄一樣東西」**。這是我在職場和住家持續實踐了五年的習慣。

書、衣服、小擺設、雜誌、沒用完的化妝品、很少使用的 APP……。任何東西都無妨，每天持續丟棄一樣東西。

我根據自己的規則，把用完的東西也列入「一棄」計算。比方說，用完洗髮精，或是麥克筆用完，都算是「一棄」。**除了實際物品以外，改掉已經淪為儀式，失去意義的**

習慣，也算是「一棄」。

在「一日一棄」的基礎上，實踐「先進先出法」，效果更加理想。買了一件新衣服，就要丟棄一件舊衣服。舊的口紅用完了，才去買新口紅，在此之前，不買新東西。

「一日一棄」是避免東西越來越多的小訣竅。

縮短找東西的時間和整理整頓的時間

想要縮短找東西的時間，最重要的就是減少周遭的物品。即使很努力，仍然被無數物品包圍，或是「不擅長整理的人」，不妨死馬當活馬醫，腳踏實地實踐「一日一棄」。只要持續一個月，家裡和辦公室必定耳目一新。

培養分辨「必要東西」的眼力

前面提到，「一棄」也包括「改掉已經淪為儀式，失去意義的習慣」，這將有助於提升效率，節省時間。

比方說，我最近改掉了「每天早上打掃事務所的會客室」的習慣。因為我發現，可以等客人上門之前再打掃。如此一來，每天就節省了十分鐘。

在持續「一天一棄」一年之後，我發現自己身上的變化。**對物品持續抱有「我真的需要嗎？」的懷疑態度，也漸漸對人際關係、工作等物質以外的方面產生了影響**，因此，遇到沒有意義的應酬和會對隔天的工作造成影響的邀約，都可以毅然地說：「NO！」

養成「一日一棄」的習慣。

圖37　「一日一棄」，隨時提升自我！

「一日一棄」就是
每天丟棄一樣東西

丟棄不再使用的東西

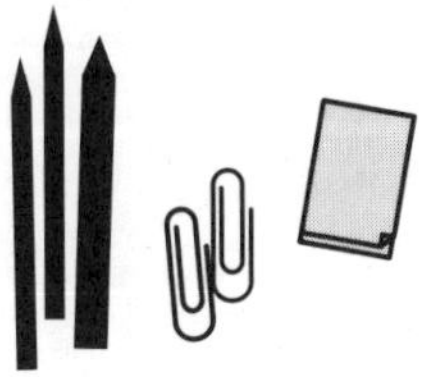

丟棄（改正）沒有意義的
日常習慣

- **減少找東西的時間和整理的時間**
- **培養辨別「必要東西」的能力**

WEEK

4

SPEED UP

提升
工作速度

37

比起「天下無難事」，追求「又快又輕鬆」更重要

第三週已經掌握了提升工作速度不可或缺的「創造高效率工作環境」的方法。第四週要掌握提升工作速度的另一個要素——「提升工作速度的技巧」。

說到提升工作速度，有人可能會想像忙得焦頭爛額的樣子，但其實提升速度，並不代表草草了事。

隨時思考「如何才能又快又輕鬆地完成工作」，是提升工作速度最重要的心態。之前經營稅務士事務所時代，遇到一名員工之後，才開始思考這件事。

「工作應該可以更有效率」

那名員工的工作能力很強，但有點古怪，很討厭我們幾個事務所的合夥人加班到深夜，在深夜傳電子郵件給客戶。因為他對公司經營者「日以繼夜」工作明顯表現出反彈，

我起初對他的態度感到很生氣，但在和他聊了之後，發現他並不是單純反彈而已，而是認為公司經營者有這種態度工作，事務所不會有進步，也**無法向客戶提供高效率的會計處理方式，所以才會產生反彈**。和他的這番談話，大大改變了我工作的方法。

在此之前，我一直誤以為埋頭苦幹到深夜很值得尊敬，員工和客戶看到我這樣認真工作的背影，就會願意追隨我。

那名員工說，他嚮往稅務士這份工作，所以才投入這個行業，我是他的直屬上司，他看到我每天工作到深夜，完全沒有私人時間，簡直就像在消耗自己的人生，就覺得慘不忍睹。

拋開發揮毅力，完成工作的想法

在和他討論工作應有的態度之前，我一直認為「只出一張嘴，當然可以說得很輕鬆。我的工作做不完，不得已才加班到深夜！」

被員工教訓，讓我覺得很丟臉，自尊心也受到了傷害，但是，正因為很受打擊，所以也讓我有機會好好反省自己對工作、對時間的態度。

同時，我放下了之前認為「既然接了工作，即使放棄私人時間，即使不睡覺，也一定要在期限內完成」，憑毅力完成工作的想法，開始換一個角度思考**「我一定會完成這份工作，但我會準時下班，好好睡覺，在限期之內完成」**。

和那名員工聊過之後，就很在意他的「眼光」。我不希望他覺得我是知錯難改的上司，所以，一開始只能不情不願地準時下班。

但是，下班時間提前了，工作還是無法做完，於是只能拚命思考「有沒有可以提升工作速度的方法」。我衷心感謝當初那名員工。

「對工作的心態」最重要

下一節開始，將具體分享提升工作速度的實用技巧，但首先要改變對工作的心態。技巧固然重要，但光憑「即使不睡覺，也要把工作做好」的意識，無法減少投入工作的時間。

雖然可能有人認為這樣的說法很矛盾，但想要加快工作速度，最重要的是必須具備「有沒有可以不努力，輕鬆又快速完成工作的方法」這種懶人想法。因為，這個世界上所有的發明，都來自「想要更輕鬆！」的想法。

✓

隨時思考「有沒有更快、更輕鬆的方法」。

「工作指南」是提升工作速度的基本

對於一些定期的業務，一定要製作一份「工作指南」。指南就是「教科書、步驟說明書」，越是工作經驗豐富、熟悉自己工作的人，越容易輕視工作指南。

但是，在工作時，如果回想或是思考「接下來該做什麼？」就會暫時停頓，導致時間的損失。

製作工作指南，是排除遲疑和思考的停止，徹底杜絕時間損失的最佳方法。

也許有人覺得，「我們的工作性質很特殊，無法製作工作指南。」

向客戶說明產品的方法，當然不需要勉強製作指南，但可以將作業和業務加以分解，把其他人也可以複製的部分寫成工作指南。工作指南是一種工具，可以節省耗費在制式工作上的時間，有助於更專心地投入特殊、需要動腦的工作。

以下介紹我製作工作指南的方法。

製作工作指南的三個步驟

STEP 1 在作業的同時，寫下作業步驟。不需要寫得像家電產品的使用說明書，而是以條列的方式寫重點。工作指南的目的在於傳達要點，在文字上不需要太講究。

STEP 2 在寫條列式重點時，要明確交代「做什麼？」和「怎麼做？」比方說，「準備裝薪資單的信封」。如果是團隊合作，還必須記載「由誰來做」、「什麼時候完成」等項目。

STEP 3 條列式的重點完成後，在每次作業時，注意以下A和B的問題，修改工作指南。

A 是否有不必要的作業？

對照工作目的和內容，確認這些作業是不是完成這些工作時，絕對必要的作業項目，刪除不必要的作業項目。

B 是否有替代的方法？

刪除不必要的作業項目後，就剩下必不可省的作業。關於這些作業，仍然要研究是不是有更高效率處理的方式，以及是否有替代方案。即使以前做不到的事，在引進新的服務、工具和軟體後，也許就有可能做到，所以也要定期研究。

提升工作指南精確度的三大訣竅

雖然一開始可能會耗時，但在推敲工作指南的過程中，修正的時間會越來越短。而且，**製作和修正工作指南所需的時間，一定會從之後節省的作業時間中補回來。**

以下是提升工作指南精確度的三大訣竅：

①每個項目盡可能簡短（將工作分為詳細的作業）。

②盡可能具體寫清楚（不要用模稜兩可的文字，盡可能用數值表示。比方說，『收據集滿十張，就要立刻處理』）。

③就連用常識思考也能瞭解的事，也要寫下來（比方說『配合現金的餘額』）。

可以藉由①的工作細分化，利用忙碌工作之間的零星時間，逐步處理這項工作。②的情況，也許可以想像一下食譜，這是無論由任何人來做，都能夠維持品質穩定，確保重現性的訣竅。③是為了預防熟悉工作後，因為大意造成的疏失。在製作工作指南時，禁止「這種事，用常識思考就知道了」這種想法。

下一頁將介紹我在事務所使用的「名片整理指南」，提供給各位參考，相信有助於各位想像如何分解作業。

✓ 提升工作速度始於「工作指南」。

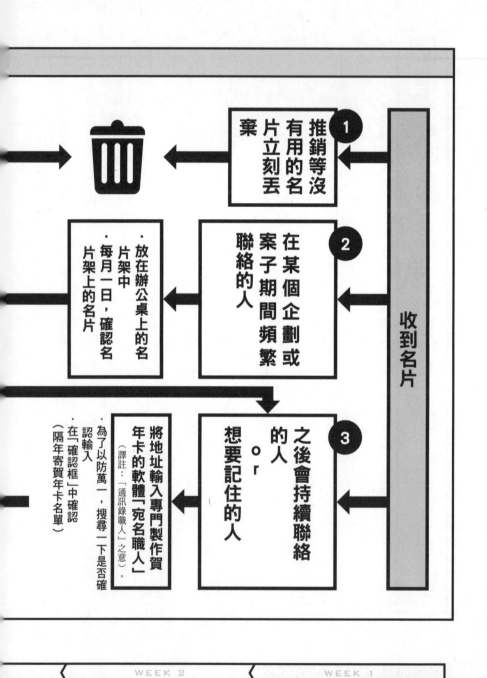

收到名片

1 推銷等沒有用的名片立刻丟棄

2 在某個企劃或案子期間頻繁聯絡的人

・放在辦公桌上的名片架中
・每月一日，確認名片架上的名片

3 之後會持續聯絡的人 or 想要記住的人

將地址輸入專門製作賀年卡的軟體「宛名職人」（譯註：「通訊錄職人」之意）。

・為了以防萬一，搜尋一下是否確認輸入
・在「確認框」中確認（隔年寄賀年卡名單）

圖38 我的名片整理指南

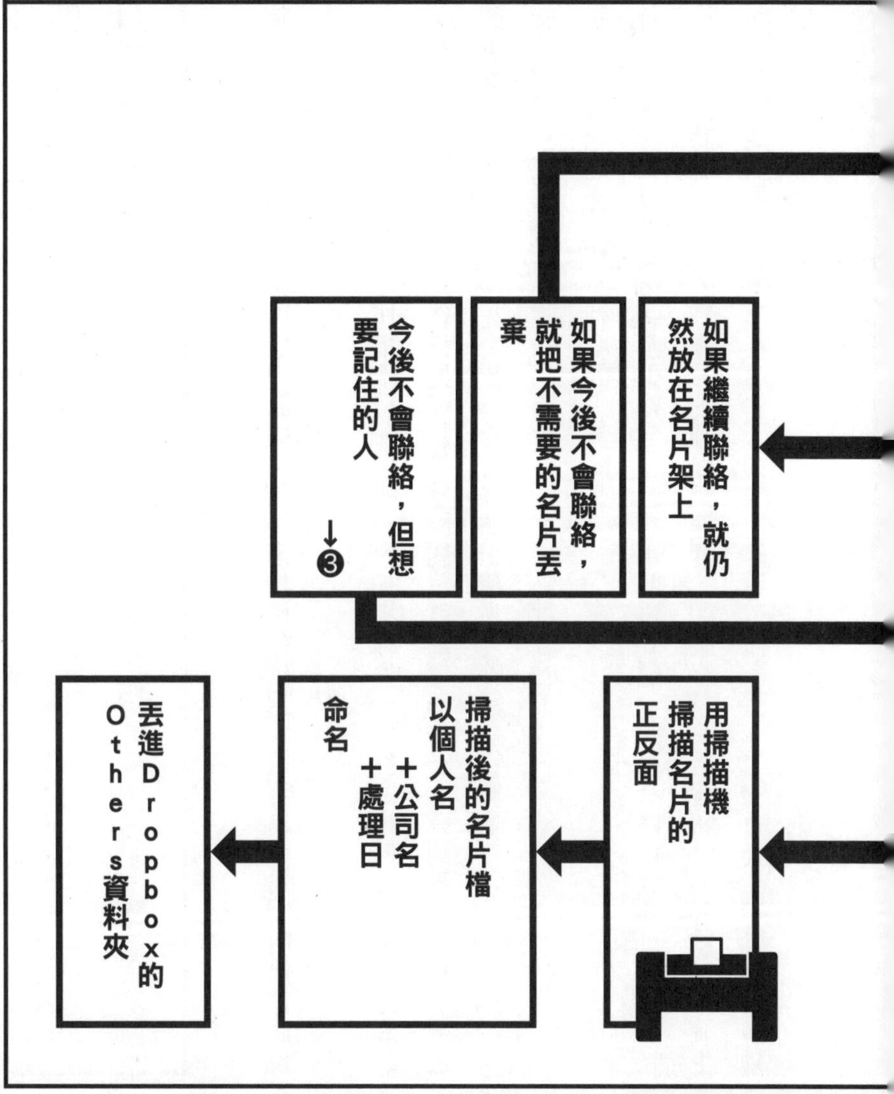
如果繼續聯絡，就仍然放在名片架上
如果今後不會聯絡，就把不需要的名片丟棄
今後不會聯絡，但想要記住的人
↓❸
用掃描機掃描名片的正反面
掃描後的名片檔以個人名＋公司名＋處理日命名
丟進Dropbox的Others資料夾

39

製作「確認表」，提升作業速度

其次，必須製作確認表。前一節的工作指南和這張確認表很容易混淆，所以在此說明。

正如前面曾經說明，工作指南是「指導」、「步驟表」。**針對根據工作指南完成的工作，在交出去之前，「最後只要確認這些問題，就萬無一失」，確認表是歸納了這些確認的重點**。根據確認表確認之後，就可以防止疏失，確保品質無虞。

確認表通常被認為是「確保品質，提升客戶滿意度的工具」。

為什麼會成為提升作業速度的工具呢？

首先，確認表**可以創造「至少符合這些標準就沒問題」的思考停止狀態**，藉由消除「這樣真的沒問題嗎？」的猶豫，提升作業速度。如果沒有使用確認表，導致工作發生疏失，就會因為處理客訴等事後應對，損失比確認工作多數十倍的時間。如果以一年為單位思考，就會變成數十小時。「欲速則不達」，確認表有助於貫徹這一點。

發生疏失時，將疏失列在確認表上

接著介紹製作確認表的方法。

除了要將「疏失」、「失敗」列在確認表上，還要記錄「差一點犯下的錯」。

以我個人為例子，有一次，和一位董事長約在咖啡店處理年度決算的問題。準備在財務報表上簽名蓋章時，我和那位董事長才發現「慘了！沒有印泥！」兩個人都急壞了。咖啡店附近的便利商店也沒有賣印泥，最後幸好向隔壁的商店借到了印泥，總算解決了問題。我當天就製作了一份「外出時攜帶物品清單」，在其中列了「印泥（在外面處理年度決算時）」這個項目。

在製作確認表時，必須注意一件事，就是避免**「過剩品質」**。

列舉很多項目的確認表看起來很氣派，但確認表是改善業務，促進效率的工具。如果拚命增加確認項目，就會使作業本身變得空洞，淪為一種「儀式」，反而容易造成疏漏，導致本末倒置。

因此，只要將「這些是最低限度、無論如何都必須死守」的項目列在確認表上，**排**

除「即使這些地方不夠完美，也不會有太大影響」的部分。

另外，還必須注意一件事，完成的財務報表等成果必須放一晚，隔天帶著全新的心情，用確認表加以確認。

針對致命的重點製作確認表。

圖39	使用簡單的確認單，就可以大幅減少疏失！

電子郵件寄出前的確認單

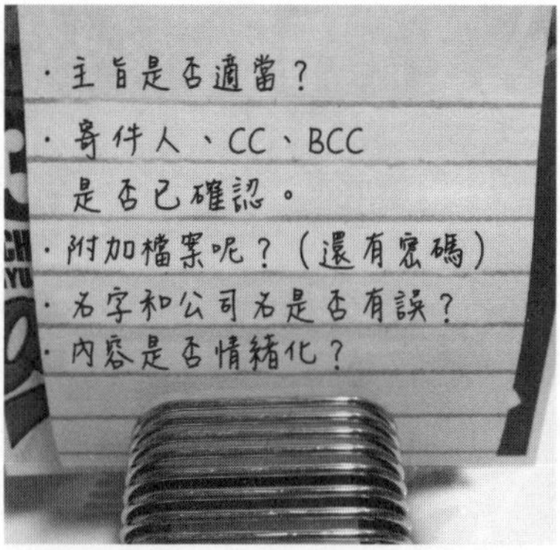
・主旨是否適當？
・寄件人、CC、BCC
是否已確認。
・附加檔案呢？（還有密碼）
・名字和公司名是否有誤？
・內容是否情緒化？

寄發傳真時的確認單

傳真
列印
掃瞄
出聲朗讀寄件對象和輸入
的號碼兩次，加以確認。

這也是出色的確認單範例！

WEEK 4
40

電子郵件零壓力的兩大訣竅

電子郵件是目前工作上必不可少的聯絡方式，甚至已經成為主流。但是，不知道是否有人因為電子郵件，造成工作時很大的壓力？

「即使在做其他工作，電腦螢幕上顯示收到電子郵件的通知讓人很難不分心。」

「如果不回覆電子郵件，郵件系統的收件匣上就會顯示出未處理郵件的數字，造成很大的心理壓力！」

因為電子郵件造成的心理壓力，大致可以分為這兩大類。

而且，有時候會因為電子郵件而分心，或是覺得麻煩而停下手，中斷正在進行的工作，結果就導致因為電子郵件，耗費了很多時間。

以下是消除這兩種壓力，節省處理電子郵件時間的方法。這些方法都是立刻可以做到的事，請務必實踐。

①設定取消電子郵件通知

我的**桌上型電腦取消了電子郵件通知**，以免妨礙工作。以微軟的 Outlook 為例，進入「檔案」→「選項」→「郵件」→「郵件送達」→清除「顯示桌面通知」核取方塊，收到電子郵件時，就不會即時通知了。

除了電腦以外，我智慧型手機上的郵件、Messenger 和 LINE、Twitter，都盡可能取消所有的訊息通知。

如此一來，就不會因為電子郵件而分心，可以專心眼前的工作。也許有人擔心，「會不會錯過重要的訊息？」別擔心，如果對方有急事，或是很重要的事時，一定會直接打電話聯絡。如果對完全關閉郵件通知有抵抗的人，可以將**電子郵件的收信間隔設定在十五至三十分鐘，就可以發揮相當的效果**。

②消除大量電子郵件造成的心理壓力

必須有意識地、定期設定回覆電子郵件的時間，消除電子郵件大量累積造成的心理壓力。

我**每天上午安排二十分鐘，下午也安排二十分鐘作為確認、回覆電子郵件的「回信時間」**。一天設定兩次回信時間，就代表最慢也會在十二小時內回信，對方不至於覺得「都不理我！」

還有另一個預防電子郵件大量累積，回覆郵件耗費很多時間的秘訣，就是設定「已經確認過的郵件不再看第二次」。

我經常利用移動時的空檔，用智慧型手機確認電子郵件（我設定智慧型手機可以接收寄到事務所信箱的郵件）。回到辦公室後，立刻將已經用手機確認過的電子郵件移到「已讀（封存）匣」內。

收到「可不可以麻煩做〇〇工作」方面的郵件時，將「〇〇」的內容寫入月計畫表（週計畫表）之後，立刻移到已讀信件匣。光是這個簡單的動作，就**可以避免思考「咦？這封郵件是寫什麼？」，專心眼前的工作**。

如何處理電子報？

不要輕易加入通訊群組或是申請電子報，是避免收到垃圾信最有效的方法。收件匣中大部分未讀的郵件都屬於這種類型。有時候只是交換名片，就被對方擅自加入群組，寄發電子報時，必須立刻解除訂閱。

即使我主動訂閱的電子報，也都做到**「只要二十四小時不讀，就移到已讀匣內」**。

電子報的內容很即時，一兩天不讀，不妨認為「這些是和我無緣的資訊」。

✓

「取消通知」、「上午・下午分別設定回信時間」，消除電子郵件造成的壓力。

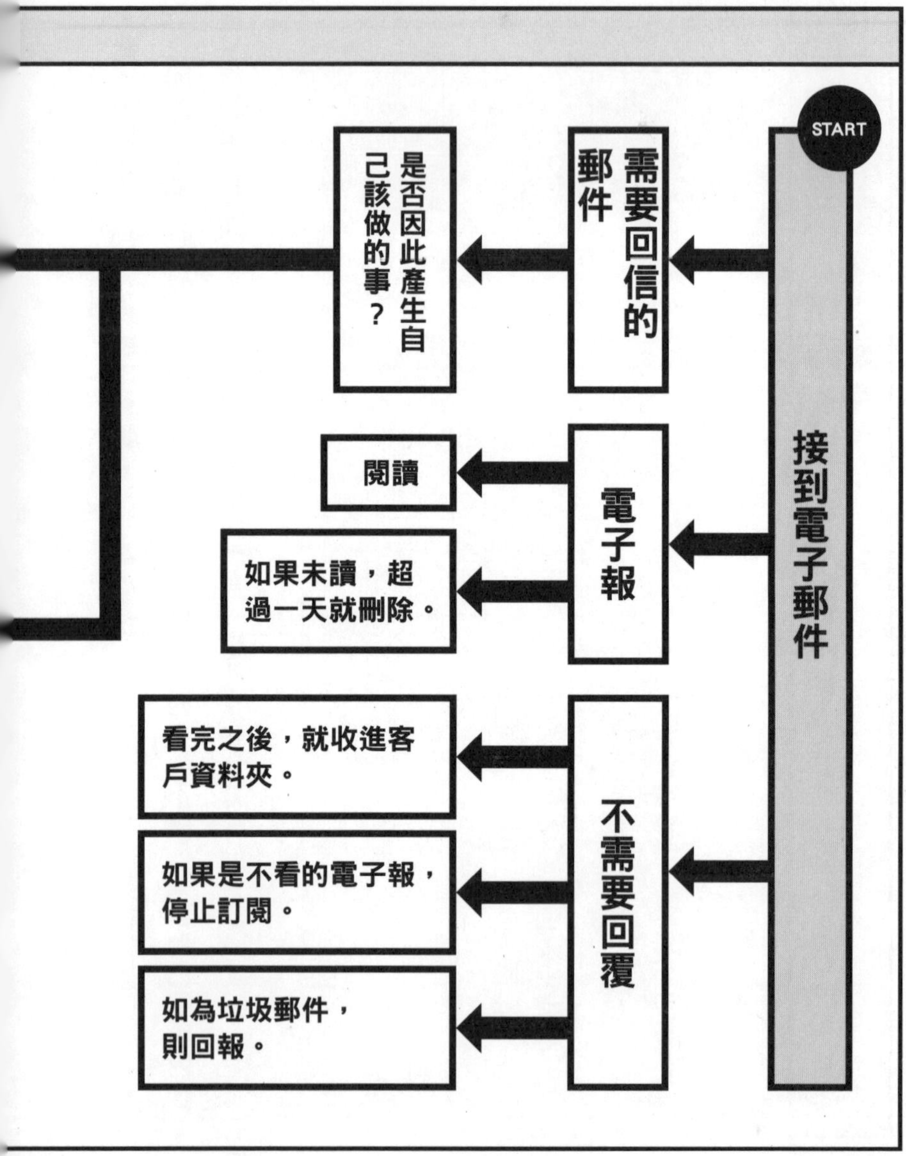
START
接到電子郵件
需要回信的郵件
是否因此產生自己該做的事？
電子報
閱讀
如果未讀，超過一天就刪除。
不需要回覆
看完之後，就收進客戶資料夾。
如果是不看的電子報，停止訂閱。
如為垃圾郵件，則回報。

圖40　超速電子郵件處理法

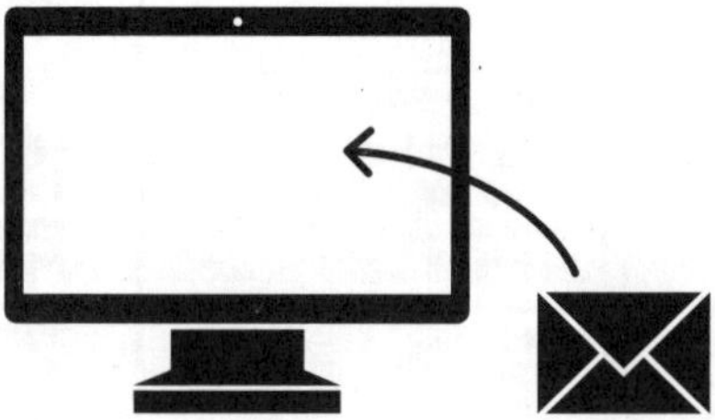

●如果沒有具體要做的事，將收到的郵件和回覆的郵件一起存入客戶資料夾。

●如果有具體要做的事，記錄在月計畫表（週計畫表）上。

將郵件存入客戶資料夾，即使該項工作未完成，也不要讓郵件留在收件匣。

※不要把收件匣當成待辦事項清單。

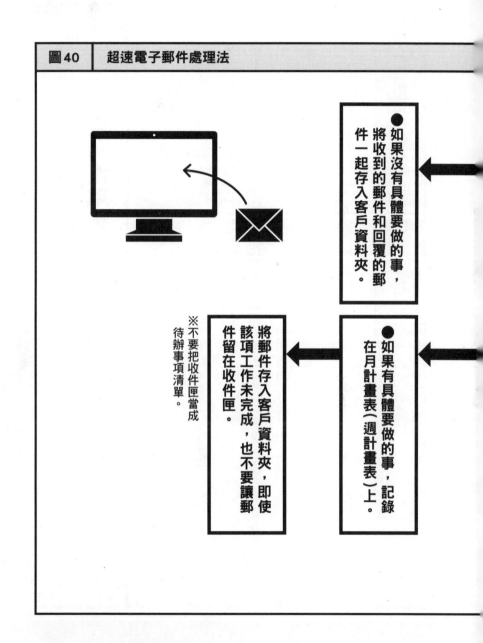

SPEED UP

WEEK 4
41

電子郵件的速度最重要！靈活運用「使用者造詞辭典」

首先記住一件事，「電子郵件的文筆不需要寫得精采」。十年前，我和一位很能幹的人經常用電子郵件聯絡。對方的電子郵件中經常漏字或是有錯字，但完全能夠瞭解他想表達的意思，而且他也都會在一兩天內回覆。我從這個人身上學到，「原來可以這樣！」**工作上的電子郵件最重要的是，能夠傳達內容，和即時回覆**。即使語句有點不通順，或是寫錯字也無妨，但是，千萬不要寫錯對方的公司名和人名！為了加快回信的速度，可以將經常使用的詞語加入「使用者造詞辭典」。

✓ **靈活運用使用者造詞辭典，加快電子郵件的回信速度！**

圖41	靈活運用使用者造詞辭典！加快回郵件速度！
感謝 ➡	感謝你一直以來的照顧，我是木村稅務會計事務所的木村。
辛苦 ➡	辛苦了，我是木村。
日後 ➡	日後也請多多指教。
及時 ➡	感謝你的及時聯絡。
手機 ➡	為了方便聯絡，以下是我的手機號碼。090-XXXX-XXXX。
檔案 ➡	※附加的檔案設有密碼，我會用另一封郵件將密碼寄給你。
瞭解 ➡	我瞭解了，請放心。
外面 ➡	不好意思，因為人在外面，恕我用手機回覆。
以上 ➡	以上這些內容，請你在過目後回覆，還請多多指教。
不好 ➡	不好意思，在你忙碌之際打擾，請多指教。

將經常使用的詞語加入「造詞辭典」，逐漸豐富「造詞辭典」！

42 一個星期可以節省一小時的十大快速鍵

想要提升工作速度，就要聰明使用快速鍵。雖然學會不用看鍵盤打字也很重要，但只要掌握快速鍵的使用方法，可以輕鬆加快打字速度，而且手腕和肩膀也不容易疲勞，好處多多。

我在十年前發現了快速鍵的方便性，當時和一位負責會計的女性客戶，**用玩遊戲的感覺比賽「如何不用滑鼠製作 Excel 表格」**，結果驚訝地發現快速鍵功能竟然這麼好用，因為實在太方便，我甚至覺得以後再也不會使用滑鼠了。

✓ **用「遊戲」的感覺學習快速鍵，就很容易記住。**

圖42　大力推薦的十大快速鍵

快速鍵	內容
Alt＋← Alt＋→	瀏覽網頁時，使用滑鼠回到前、後頁很麻煩。Alt＋←是「回到上一頁」，Alt＋→是「往下一頁」。
Ctrl＋P	列印網頁或Word時，只要按Ctrl＋P，就可以叫出設定列印細節的操作頁面。
Ctrl＋Tab	在應用軟體內以左向右的順序切換標籤頁，在表格型的瀏覽器，或有很多分頁的Excel中使用很方便。
Ctrl＋C	複製所選範圍。
Ctrl＋V	貼上複製內容。
Ctrl＋X	剪下所選內容（貼在他處後，剪下的內容就會消失）。
Alt＋Tab	打開多個軟體視窗時，可以在切換不同視窗的情況下作業。
Ctrl＋F	在文章和網路上搜尋文字列。
Ctrl＋Z	恢復前項作業。
F12	另存新檔。

※快速鍵可以在許多軟體中使用。
比方說，Ctrl＋C無論在Word、Excel還是網路上都可使用。

藉由「動線管理法」提升工作速度

影響工作速度的原因之一，就是「工作上使用的東西不在伸手可及的位置」、「必須一直站起來去拿工作時需要使用的東西」。雖然每個動作所花的時間很短，但積少成多，時間就這樣在不知不覺中溜走。為了改變這種狀況，不妨根據自己的動線，重新佈置辦公桌或工作空間。

雖然和第三週的「固定位置管理法」有點相似，但也有明確的不同。**固定位置管理法的目的在於不必花時間找東西，「動線管理法」的目的是為了讓工作更有效率。**

根據動線管理重新佈置工作空間的想法來自「小餐館的廚房」。那是我經常去的一家中餐館，這家位於附近的餐廳很小，U字形的吧檯內有一個小廚房，可以完全看到廚房內的情況。午餐時，看著餐廳老闆母子在狹小的店內招呼客人忙碌的樣子，忍不住驚嘆連連，但仔細觀察後，發現小餐館的動線很合理，所有的器具和食材都放在一眼就可以看到的位置，無論拿什麼東西，只要一伸手，就可以拿到。

不久之後，我想到「我的辦公室是否也可以這麼做？」然後畫了示意圖，把所有東西都放在以**最短距離**、**最小的動作**可以拿到的地方。

經常使用的東西放在坐在椅子上也可以拿到的位置。比方說，「今天必須完成的工作」的相關資料，放在辦公桌右側中間那一格抽屜中，所有的東西都根據自己的動線進行配置。一百八十三頁是我辦公桌的照片。

如何引進「動線管理法」？

根據動線管理法改變辦公桌的佈置時，必須在實際進行的一個月前開始**分析自己的作業**。但其實並不是什麼大費周章的事，只要考慮以下六個問題：

①用右手（慣用手）做的事。
②用左手（非慣用手）做的事。
③頻繁（三十分鐘內做超過一次以上）做的事。
④有時候（兩三個小時內做超過一次）的事。
⑤偶爾（一天做超過一次）的事。

⑥很少做的事。

首先分析這六個問題，然後將①放在慣用手那一側，②放在另一側，③放在不用站起來，就可以立刻拿到的距離，然後再按④→⑤→⑥的順序，由近到遠，放置工作用品。完成私人空間的動線管理，可以讓辦公桌變成駕駛艙，打造自己的工作空間。

✓ 辦公桌和工作室都要意識到「動線」問題。

圖43	靠動線管理提升速度！

考慮每個動作都可以在最短時間內完成的空間配置！

筆者辦公桌的配置範例

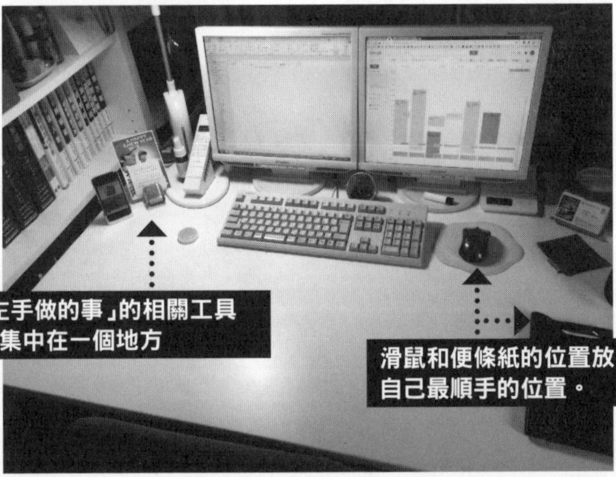

「左手做的事」的相關工具都集中在一個地方
滑鼠和便條紙的位置放在自己最順手的位置。

左手（左側）做的事	右手（右側）做的事
· 拿市話的電話機 · 拿手機 · 翻資料 · 參考資料 · 使用計算機	· 筆記 · 操作滑鼠 · 用剪刀、美工刀 · 拿茶杯 · 丟垃圾 · 資料等暫放處 · 緊急做筆記

44 提升會議品質和速度的三大重點

十之八九的工作都必須和他人合作，因此討論和會議對工作很重要，但有時候是否會覺得「今天的會議不成功」或是「雙方各說各話」？我以前在經營稅務士事務所時，也經常遇到即使說破了嘴皮，對方仍然無動於衷的情況。

之後，我每次事先都做好充分的準備工作，**在開會之前，雙方掌握資料和議題**。在開會時，就可以節省「確認↓朗讀」的時間。

其次，要**決定時間**，絕對不能拖拖拉拉，永無止境。決定「三十分鐘結束」、「想出○個點子就結束」的終點，就可以預防拖拖拉拉。最理想的會議時間在二十五到三十分鐘。因為一旦過了二十五分鐘，注意力就會渙散，如果必須長時間開會，最好每二十五分鐘休息五分鐘。

同時，要有勇氣**拒絕流於儀式的會議**。我每個月固定造訪，已經對決算問題達成共識的客戶，不會另外安排時間討論決算問題。這一點也受到客戶的好評。

①會議程序雜亂，缺乏節奏感。

②沒有設定結束時間，拖拖拉拉。

③會議本身變成一種儀式。

舉行會議時，要努力排除這三種狀況。自己主持會議時，更要格外注意這些問題。想要會議成功，事先必須做好充分的準備，要有勇氣取消流於「儀式」的會議，同時不要耗費太多時間。

✓ 重新檢討日常的會議和討論。

WEEK 4
45

嘗試使用「自我催促器」Toodledo

在這一節中介紹的利用網路服務進行時間管理的方法，我親自實踐了五年，深刻體會到其方便性，所以在此介紹給各位。

各位是否聽過名為 Toodledo（http://www.toodledo.com/）的網路服務？Toodledo 是可以適時提醒待辦事項的高性能線上管理工具，具體有以下六大優點：

①待辦事項可視化→可以將待辦事項按照「日期（期限）」和「標籤（客戶名字）」等屬性加以分類。

②行程安排效果顯著→適時提醒今天的待辦事項。

③可以輕鬆進行時間的「預定和實際管理」→容易計算個別工作、任務需要多長時間完成，當無法完成一天預定的安排時，可以簡單分析出原因。

④可以專心做眼前的事↓不會分心，想其他的工作。

⑤有成就感↓每完成一項工作和任務，就可以勾選畫面上的確認框然後刪除，小有成就感。

⑥可以代替工作指南和確認表↓可以同時管理工作和資訊，代替工作指南和確認表。

Toodledo 目前只有英文版，最初的設定有點麻煩，但有很多網站都說明了使用方法，請各位務必一試。

【我的 Toodledo 使用方法解說網頁】

http://kimutax.livedoor.biz/archives/cat_50056499.html

✓ 試試使用 Toodledo。

透過「預定和實際的時間管理」，讓時間越來越多

雖然在內心決定「今天要做○○和△△」，但最後是否因為「○○只做到一半，△△完全來不及做……」而陷入自我厭惡？

因為**不瞭解「自己的能耐」（自己一天可以做什麼、做多少），才會發生這種狀況**。

我以前也一樣，在身為稅務士創業時，完全沒有考慮優先順序和自己工作的速度，就寫下「今天要完成兩件財務報表，審核員工做的財務報表，還要寫文章」，只是把自己想做的事列出來，結果因為無法完成預定的事項感到極度失望，懷疑自己的工作能力。

其實，這種情況並不意外。因為我試圖在一天之內完成原本需要四十個小時的工作。不光是我，每個人都很容易在規劃一天的工作時充滿雄心壯志，結果超出了自己的能耐。

瞭解自己「一天可以做哪些事」

我做的第一件事，就是正確把握「自己的能耐」。具體來說，**就是包括睡眠時間在內，估算每一項工作和任務的作業時間**。

除了估算工作，瞭解「開會討論一小時」、「製作會議記錄三十分鐘」以外，還同時估算了家事和日常生活中所有行為的時間，「準備早餐十五分鐘」、「泡澡三十分鐘」。第一次做的工作或是第一次寫的企劃書或許很難預估，但也一定要估算時間。經過多次估算之後，就會越來越得心應手。

估算每一項工作、每一項任務的時間後，起初或許會對「原來我一天二十四小時只能做這些事」感到失望。但是，不必擔心，因為這種估算的目的，在於**養成不要憑感覺，而是嚴格預估自己一天能夠完成工作量的習慣**。

接著進行「預定和實際時間的管理」，這是針對決定「這個工作需要○○分鐘」，花費在工作上的時間（預算），和實際花費的時間（實際業績）之間的落差進行管理。

圖44　瞭解自己的能耐

✕ 憑雄心壯志估算工作時間

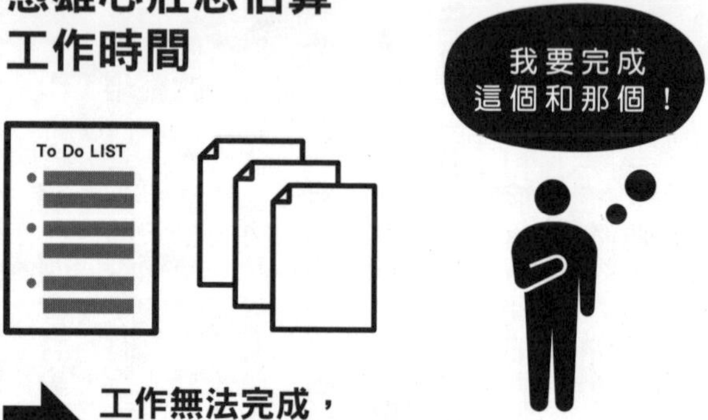

➡ 工作無法完成，
成為加班到深夜的原因。

○ 估算時間，掌握「自己的能耐」

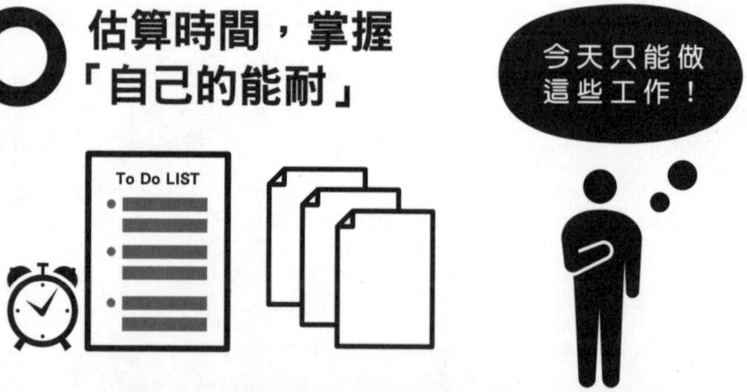

➡ 除了能夠進行預定和實際時間的管理，
還有助於提升工作速度。

磨練對時間的感覺

「預定和實際時間的管理」的最大好處，在於可以磨練對時間的感覺。**在意識到時間有限的同時，就能夠在有限的「預算」中聰明使用。**

比方說，下班之後加班，就會陷入一種錯覺，以為有無限的時間。由於會將截止時間設定在「末班車之前」，所以就會跑去吃宵夜，或是和同事聊天「轉換心情」。因為設定了「末班車之前」的時間，所以原本應該趕快完成的工作，也會拖拖拉拉，遲遲無法完成。如果不設定「這項工作要〇小時完成」的時間限制，是最浪費時間的行為。

除此以外，「預定和實際時間的管理」還有其他益處。

因為決定了「預算」，就可以約定「合理的交貨期」，能夠更嚴謹地排列出優先順序，對於自己無法完成的工作，也能夠做出交給其他同事處理，或是發給外包的判斷。

增加「自由時間」！

妥善進行「預定和實際時間的管理」後，不妨大膽地安排「一小時自由時間」。也就是說，在二十三小時內完成包括睡眠在內的一天的行動安排。

我希望每天下午三點到六點是自己的自由時間，所以規定自己「下午三點之前完成一天的工作」。**只要規定自己「在〇點之前完成工作」、「〇點到〇點之間不工作」，同時努力提升工作的效率和速度，就一定可以實現。**希望各位靈活運用前面所介紹的方法，努力增加一天之中的自由時間。

✓ 瞭解「自己的能耐」，進行「預定和實際時間的管理」。

圖45	讓一天變成二十七小時！

STEP 1

妥善進行「預定和實際時間的管理」

這樣就完美
無缺了！

STEP 2

創造一小時的自由時間，用剩下的二十三小時安排一天的行程。

我要創造
一小時的自由
時間！

STEP 3

做到STEP 2之後，逐漸增加自由時間。

我要有更多
自由時間！

結語

做好「讓一天有二十七小時」的心理準備

感謝各位看完這本書。

只要實踐本書的內容，就可以讓一天多出三小時，或是多出更多時間。最後，來談談**持續執行這個計畫的「心理準備」**。這種心理準備能夠讓我們不受他人影響，完成自己設立的各種目標。

看了前面的內容，可能有人覺得「按照這種方法，或許能夠成為時間管理的高手，每一個要求也並沒有很困難……」，但還是無法付諸行動。因為真的必須具備勇氣，才能夠持續執行這個計畫。

為了一天能夠有二十七小時，必須早起，所以就必須早睡。

為了一天能夠有二十七小時，必須測量一天行動的時間。
為了一天能夠有二十七小時，必須記錄工作的細節。
為了一天能夠有二十七小時，必須為所有的工作製作工作指南。
為了一天能夠有二十七小時，必須選擇該做的事，只參加必要的應酬。
為了一天能夠有二十七小時，必須加快工作速度，一到下班時間就離開。
為了一天能夠有二十七小時，為了能在晚上十點上床睡覺，無論參加任何聚會，在大家去續攤時，向大家說再見。

這種人，可能成為別人眼中的「怪胎」。不光是同事，朋友和家人或許也會覺得這種人是怪胎。容易在意他人眼光的人，在實踐本書所介紹的計畫之際，**磨練「不管別人怎麼看我都沒關係」的強韌精神**就變得非常重要，為此，不妨做到以下三件事：

①明確為什麼希望一天有二十七小時的目的，並向周遭的人宣布。

「我希望每天有時間和孩子相處。」
「我希望可以考取高難度的證照。」

「我想要思考新的生意模式，讓自己的事業更成功。」

不妨設定明確的目標，向周圍的人大聲宣布。

②徹底貫徹。

雖然成為別人眼中的怪胎很痛苦，但這是因為做得不夠徹底。徹頭徹尾的「怪胎」，就會成為一種個性，其他人也會苦笑著說：「誰誰誰就是這樣啦」，漸漸得到周遭人的喜愛和支持。所以既然要做，就要做得徹底。

③如果只是基於「想要自我實現」的自私，就無法繼續貫徹計畫。

當一天多出三小時後，至少要將其中一個小時或是三十分鐘，用在家人或是同事身上。只要認真工作、幫忙做家事，所做的行為不會惹人非議，周遭的人就會漸漸接受「他只是生活方式和我們不一樣」。

不妨站在旁觀的立場思考一下。

如果周遭有一個「怪胎」，你認為哪些因素決定那個人受人喜歡，還是被人討厭？

如果那個人朝向夢想奮力奔跑，是不是會想支持他？而且，如果那個人專心一志，而不是三天打魚，兩天晒網，是否更想支持他？

如果他只是改變自己的行為，並沒有造成他人的困擾，其他人是否並不會覺得不舒服？

只要實踐①～③的重點，即使成為別人眼中的「怪胎」，也不會被人討厭。

曾經有一段時間，我也很擔心過這種極端的生活，是否會越來越沒朋友。結果發現，雖然我的生活和行為與眾不同，但至今並沒有和周圍發生任何衝突。

我每次聚餐，都不參加續攤，有時候甚至會中途離席。以前在經營稅務士事務所時，客戶曾經發脾氣：「妳是負責人，怎麼可以中途離開？」但是，如今我貫徹提早上班，提早下班多年，大家都知道我「無論在哪裡，無論對誰都一樣」，在聚餐時，差不多九點多我就有點想睡覺，客戶反而笑著問我：「木村小姐，是不是該回家睡覺了？」

如果實踐了①～③，仍然有人離你而去，**不妨看開一點，「即使有人覺得『受不了我』，那也是無可奈何的事。」**

我並不是為工作賣命的人，如果因為賣命工作而累壞了身體，甚至因此失去了生命，再大的成就也是枉然，所以，我努力思考「不需要賣命，才能做出成果」的方法。

應該有人對我這種人不屑一顧，只想請那些充滿奉獻精神、憂公無私的稅務士當顧問；但也有人覺得我的想法很有魅力，也很有價值。

對於這種沒有正解的問題，和無法理解自己的人辯論「正確・不正確」，根本是浪費時間，用這些時間讓認同我、和我有共鳴的人深入瞭解我更重要。

「不需要很多人蜻蜓點水般的支持，努力讓認同自己的人更愛自己。」

這種想法不僅對人生很重要，在業務的行銷方面，也是很重要的觀念。明確自己的立場和想法，自然會有更適合自己的人靠近。

要顧全對方的面子，接受對方所有的主張。這種想法或許有助於朋友之間的相處，但對貫徹「要讓一天有二十七個小時！」的信念來說，卻是極大的阻礙，對工作也是阻礙，尤其自己當老闆的人，必須有自己的特色，不可能受到所有人的喜愛。

如果各位實踐本書的內容後，能夠創造出自由的時間，利用自由的時間做自己之前想做的事，讓工作和人生更充實，是身為作者最幸福的事。

感謝各位看完本書。

木村聰子

我的一天有二十七小時：創造「專屬於自己的三小時」人生.
工作的超級整理法 / 木村聰子作；王蘊潔譯. -- 初版. -- 臺北市
：春天出版國際, 2018.03　面；　公分. -- (Progress ; 5)
譯自：あなたの1日は27時間になる。
ISBN 978-957-9609-05-0(平裝)
1.工作效率 2.時間管理
494.01　　106021609

我的一天有二十七小時

創造「專屬於自己的三小時」人生・工作的超級整理法

あなたの1日は27時間になる。

Progress 05

作　　者 ◎ 木村聰子
譯　　者 ◎ 王蘊潔
總 編 輯 ◎ 莊宜勳
主　　編 ◎ 鍾靈
出 版 者 ◎ 春天出版國際文化有限公司
地　　址 ◎ 台北市信義路四段458號3樓
電　　話 ◎ 02-7718-0898
傳　　真 ◎ 02-7718-2388
E－mail ◎ frank.spring@msa.hinet.net
網　　址 ◎ http://www.bookspring.com.tw
部 落 格 ◎ http://blog.pixnet.net/bookspring
郵政帳號 ◎ 19705538
戶　　名 ◎ 春天出版國際文化有限公司
法律顧問 ◎ 蕭顯忠律師事務所
出版日期 ◎ 二〇一八年三月初版
定　　價 ◎ 280元

總 經 銷 ◎ 楨德圖書事業有限公司
地　　址 ◎ 新北市新店區寶興路45巷6弄6號5樓
電　　話 ◎ 02-8919-3186
傳　　真 ◎ 02-8914-5524
香港總代理 ◎ 一代匯集
地　　址 ◎ 九龍旺角塘尾道64號 龍駒企業大廈10 B&D室
電　　話 ◎ 852-2783-8102
傳　　真 ◎ 852-2396-0050

版權所有・翻印必究
本書如有缺頁破損，敬請寄回更換，謝謝。
ISBN 978-957-9609-05-0

ANATA NO 1NICHI WA 27JIKAN NI NARU
by AKIRAKO KIMURA
Copyright © 2015 AKIRAKO KIMURA
Complex Chinese translation copyright ©2018 by Spring International Publishers Co., Ltd.
All rights reserved.
Original Japanese language edition published by Diamond, Inc.
Complex Chinese translation rights arranged with Diamond, Inc.
through Future View Technology Ltd.